Xiaofei Kong

Modélisation numérique d'écoulements 3D à surface libre

Xiaofei Kong

Modélisation numérique d'écoulements 3D à surface libre

Modèle prédictif 3D pour le soudage à l'arc TIG

Presses Académiques Francophones

Impressum / Mentions légales
Bibliografische Information der Deutschen Nationalbibliothek: Die Deutsche Nationalbibliothek verzeichnet diese Publikation in der Deutschen Nationalbibliografie; detaillierte bibliografische Daten sind im Internet über http://dnb.d-nb.de abrufbar.
Alle in diesem Buch genannten Marken und Produktnamen unterliegen warenzeichen-, marken- oder patentrechtlichem Schutz bzw. sind Warenzeichen oder eingetragene Warenzeichen der jeweiligen Inhaber. Die Wiedergabe von Marken, Produktnamen, Gebrauchsnamen, Handelsnamen, Warenbezeichnungen u.s.w. in diesem Werk berechtigt auch ohne besondere Kennzeichnung nicht zu der Annahme, dass solche Namen im Sinne der Warenzeichen- und Markenschutzgesetzgebung als frei zu betrachten wären und daher von jedermann benutzt werden dürften.

Information bibliographique publiée par la Deutsche Nationalbibliothek: La Deutsche Nationalbibliothek inscrit cette publication à la Deutsche Nationalbibliografie; des données bibliographiques détaillées sont disponibles sur internet à l'adresse http://dnb.d-nb.de.
Toutes marques et noms de produits mentionnés dans ce livre demeurent sous la protection des marques, des marques déposées et des brevets, et sont des marques ou des marques déposées de leurs détenteurs respectifs. L'utilisation des marques, noms de produits, noms communs, noms commerciaux, descriptions de produits, etc, même sans qu'ils soient mentionnés de façon particulière dans ce livre ne signifie en aucune façon que ces noms peuvent être utilisés sans restriction à l'égard de la législation pour la protection des marques et des marques déposées et pourraient donc être utilisés par quiconque.

Coverbild / Photo de couverture: www.ingimage.com

Verlag / Editeur:
Presses Académiques Francophones
ist ein Imprint der / est une marque déposée de
OmniScriptum GmbH & Co. KG
Heinrich-Böcking-Str. 6-8, 66121 Saarbrücken, Deutschland / Allemagne
Email: info@presses-academiques.com

Herstellung: siehe letzte Seite /
Impression: voir la dernière page
ISBN: 978-3-8416-2118-4

Zugl. / Agréé par: Saint-Etienne, Ecole Nationale d'Ingénieurs de Saint-Etienne, 2012

Copyright / Droit d'auteur © 2014 OmniScriptum GmbH & Co. KG
Alle Rechte vorbehalten. / Tous droits réservés. Saarbrücken 2014

Résumé

Dans le cadre de ce travail nous avons apporté une contribution à la réalisation d'un modèle prédictif *3D* de la forme d'un bain de soudage à l'arc pour la simulation numérique du soudage. Nous nous sommes restreint à la modélisation des écoulements fluides dans le bain de soudage avec torche mobile et notre contribution a consisté à introduire la modélisation de la surface libre dans le modèle multiphysique disponible dans le logiciel WPROCESS développé par le CEA. Une méthode de type 'front tracking' ou la surface est explicitement représentée a été utilisée pour résoudre des problèmes d'équilibre avec capillarité sur la surface libre. Nous avons tout d'abord choisi de construire un modèle intermédiaire prenant en compte uniquement l'aspect hydrodynamique à surface libre, et de vérifier ce modèle par des essais (l'impact d'un jet d'air sur une surface d'eau) en similitude avec des conditions opératoires caractéristiques du soudage TIG. Ensuite, la même gestion de la surface libre a été implantée dans notre modèle 3D du bain. Enfin, pour valider les capacités prédictives du modèle thermohydraulique, des analyses de sensibilité expérimentale et numérique ont été menées selon un plan d'expériences. Les effets de l'intensité du courant, de la tension, et de la vitesse sur la géométrie du bain de soudage ont été étudiés. La comparaison de ces résultats tant sur les valeurs que sur les effets a montré que même si pour les largeurs les corrélations étaient acceptable en revanche des écarts importants subsistent pour la pénétration entre mesures et simulations à cause de négliger la force Lorentz dans ce modèle actuel.

Mots-clés : soudage à l'arc TIG, modélisation, surface libre, bain de soudage, éléments finis, analyse de sensibilité.

Abstract

The aim of this PhD study is to propose a three-dimensional weld pool model for the moving gas tungsten arc welding (GTAW) process. A 3D finite element model of heat and fluid flow in weld pool considering free surface of the pool and traveling speed has been developed from some exist models in the software WProcess developed by CEA. Cast3M is used to compute all the governing equations. The method 'front tracking' has been used to solve capillarity problems on the free surface. At first, we chose to construct an intermediate model taking into account the appearance of free surface in hydrodynamics, and verify this model by similar experiences (the impact of an air jet on a water surface) according to the operating conditions of TIG. Then, the same method has been implemented in our 3D weld pool model. Finally, to validate the model predictivity, experimental and numerical sensitivity analyzes were conducted using a design of experiments approach. The effects of current, voltage, and speed on the geometry of the weld were studied. The comparison of these results, on the values and the effects, showed an acceptable correlation for the width between measurements and simulations. However, significant differences still exist for penetration due to neglecting Lorentz force currently.

Keywords : TIG arc welding process, modelling, weld pool, free surface, Finite Element, design of experiments.

Remerciements

Cette thèse a été réalisée en collaboration entre AREVA NP le CEA Saclay et l'ENISE, je tiens tout d'abord à remercier ces trois entités et à exprimer ma reconnaissance envers tous ceux qui de près ou de loin y ont contribué.

Je tiens dans un premier temps à remercier Stéphane GOUNAND, ingénieur-chercheur au CEA, pour m'avoir confié ce travail de recherches, ainsi que pour son aide et ses précieux conseils au cours de ces années. Je remercie également Olivier ASSERIN, expert du CEA, pour son lourd travail de mon encadrement en cours de thèse et m'avoir fait confiance malgré les connaissances plutôt légères que j'avais tout au début de la thèse, puis pour m'avoir guidé, encouragé et conseillé.

Mes remerciements vont également à Jean-Michel BERGHEAU, professeur à l'ENISE et directeur de ma thèse, pour la gentillesse et la patience qu'il a manifestées à mon égard durant cette thèse, pour tous les conseils et les aides, pour m'avoir fait faire beaucoup voyage en me laissant une grande liberté.

Je tiens à remercier à Marc MEDALE, professeur à Polytech'Marseille et co-directeur de ma thèse, pour sa sympathie, sa disponibilité, ses idées et conseils scientifiques, ainsi que pour son aide précieuse en cours de la thèse.

Je remercie à Philippe GILLES, expert à AREVA NP, pour avoir été un des initiateurs de cette thèse pour ses visions industrielles, puis pour m'avoir confié cette thèse.

Je remercie également Benjamin CARITEAU, ingénieur-chercheur au CEA, pour ses grandes contributions aux expériences réalisées dans son laboratoire.

Je tiens à remercier Michel BELLET, responsable du groupe de recherche 'Thermo-Mécanique-Plasticité' du CEMEF, et Monsieur Mhamed SOULI, professeur à l'Université de Lille 1, d'avoir accepté d'être les rapporteurs

Remerciements

de ce travail.

Je remercie Jean-Baptiste LEBLOND, professeur à l'université Pierre et Marie Curie, pour avoir accepté de présider le jury de cette thèse.

Je tiens aussi à mentionner le plaisir que j'ai eu à travailler au sein du LTA, et j'en remercie ici tous les membres.

Mes dernières pensées iront vers ma famille, et surtout mes parents et ma femme, pour leur soutien et leurs encouragements jusqu'à aujourd'hui.

Table des matières

Introduction générale   **1**

1 Étude bibliographique   **7**
    Objectifs du chapitre 1 7
    1.1 Présentation du soudage à l'arc TIG 8
        1.1.1 Le procédé de soudage 8
        1.1.2 Principaux couplages dans le soudage 9
    1.2 Description des phénomènes physiques dans le bain fusion   11
        1.2.1 Introduction 11
        1.2.2 L'apport d'énergie par le procédé de soudage à l'arc   11
        1.2.3 Les forces motrices de la convection dans le bain
               de fusion 15
        1.2.4 Changement de phase 19
        1.2.5 Vapeurs métalliques 19
        1.2.6 Transferts thermiques et écoulements fluides ... 21
        1.2.7 Déformation de la surface libre du bain fondu ... 22
    1.3 Revue de quelques modélisations numériques du soudage
        à l'arc TIG 23
        1.3.1 Modèles multiphysiques couplés arc et bain ... 23
        1.3.2 Modèles pour le bain du soudage 24
    1.4 Simulation numérique d'un écoulement incompressible à
        interface mobile 27
        1.4.1 L'écoulement avec l'interface mobile 27
    Conclusions du chapitre 1 : choix du modèle pour satisfaire l'application industrielle 29

2 Modèles numériques   **32**
    Objectifs du chapitre 2 32

v

TABLE DES MATIÈRES

    2.1 Modèle hydrodynamique : jet d'air impactant une surface d'eau 34
        2.1.1 Contexte 34
        2.1.2 Description physique du cas et principales hypothèses 34
        2.1.3 Équations du modèle 36
        2.1.4 Algorithme de résolution 39
        2.1.5 Discrétisation des équations 40
        2.1.6 Méthode de déplacement du maillage 42
        2.1.7 Solution des sous-problèmes 44
    2.2 Modèle thermohydrodynamique : bain de soudage à l'arc TIG avec surface libre 45
        2.2.1 Contexte 45
        2.2.2 Description physique du cas et principales hypothèses 45
        2.2.3 Équations du modèle 48
        2.2.4 Algorithme de résolution 50
        2.2.5 Discrétisation des équations 55
Conclusions du chapitre 2 56

3 Vérification et analyse du modèle   58

Objectifs du chapitre 3 58
    3.1 Déformation de la surface d'une couche d'eau par un jet d'air 59
        3.1.1 Essais expérimentaux 59
        3.1.2 Paramètres physiques et numériques des simulations 65
        3.1.3 Comparaisons entre simulations et essais 66
        3.1.4 Conclusions 72
    3.2 Plan d'expériences numériques portant sur les paramètres : flux de chaleur, pression d'arc et vitesse du soudage 73
        3.2.1 Plan des essais numériques 73
        3.2.2 Variables centrées réduites 74
        3.2.3 Modèle de régression 74
        3.2.4 Influence de l'énergie linéique 74
        3.2.5 Influence des facteurs conjoints 75
        3.2.6 Influence de la pression d'arc 76
        3.2.7 Influence de la vitesse du soudage 77
        3.2.8 Influence du flux de chaleur imposé 78

TABLE DES MATIÈRES

      3.2.9   Influence de la surface libre déformable 80
      3.2.10 Influence de la quantité de soufre 82
  Conclusions du chapitre 3 84

4 Confrontation du modèle avec des expériences   **86**
  Objectifs du chapitre 4 87
  4.1 Domaine de validation 87
      4.1.1   Le modèle de régression 88
      4.1.2   Essais réalisés 88
  4.2 Étude expérimentale de l'influence des paramètres opératoires 90
      4.2.1   Résultats des essais réalisés 90
      4.2.2   Influence de l'énergie linéique 92
      4.2.3   Influence des facteurs quadratiques 92
      4.2.4   Influence de l'intensité 93
      4.2.5   Influence de la tension de soudage 93
      4.2.6   Influence de la vitesse de soudage 94
  4.3 Étude numérique de l'influence des paramètres opératoires 94
      4.3.1   Modèle numérique 94
      4.3.2   Résultats des simulations 95
      4.3.3   Influence de l'énergie linéique 95
      4.3.4   Influence des facteurs quadratiques 95
      4.3.5   Influence de l'intensité 96
      4.3.6   Influence de la tension de soudage 100
      4.3.7   Influence de la vitesse de soudage 100
  4.4 Comparaison expériences simulations 100
      4.4.1   Comparaison sur les valeurs 100
      4.4.2   Comparaison sur les effets 102
      4.4.3   Calibration 102
      4.4.4   Variations des résultats en fonction de l'énergie linéique 104
  Conclusions du chapitre 4 104

Conclusion générale   **108**

Bibliographie   **112**

Table des matires

A Données matériaux   **122**
A.1 Initialisation des données matériaux 122
A.2 Matériau acier 304L 123

B Résultats expérimentaux des essais 'Déformation de la surface libre d'une couche d'eau par un jet d'air'   **129**
B.1 Plan d'expériences 129
B.2 Les surfaces déformées expérimentales 130

C Résultats expérimentaux et numériques pour la configuration ligne de fusion   **132**
C.1 Plan d'expériences 132
C.2 Les coupes macrographiques 132

Liste des symboles

Constantes

R Constante des gaz parfaits 8,314 J·mol^{-1}·K^{-1} ou kg·m^2·s^{-2}·mol^{-1}·K^{-1}

Nombres sans dimension

Fr Nombre de Froude, $\dfrac{u^2}{gl}$

Re Nombre de Reynolds, $\dfrac{\rho u l}{\mu}$

Rm Nombre de Reynolds magnétique, $\mu_0 \sigma l u$

Lettres grecques

$\bar{\bar{\sigma}}$	Tenseur des contraintes	kg·m^{-1}·s^{-2}
$\bar{\bar{\tau}}$	Tenseur des contraintes visqueuses	kg·m^{-1}·s^{-2}
$\bar{\bar{\varepsilon}}$	Tenseur des taux de déformation	s^{-1}
β	Coefficient de dilatabilité	K^{-1}
τ	Vecteur unitaire tangent à une surface	
ΔH^0	Enthalpie standard d'adsorption	J·mol^{-1} ou kg·m^2·s^{-2}·mol^{-1}
Γ	Surface	m^2
γ	Tension de surface	N·m^{-1} ou kg·s^{-2}
γ_g	Rapport des chaleurs massiques	
Γ_s	Excès de concentration en surface à saturation	mol·m^{-2}
λ	Conductivité thermique	W·m^{-1}·K^{-1} ou kg·m·s^{-3}·K^{-1}
λ_e	Libre parcours moyen des électrons	m
μ	Viscosité dynamique	kg·m^{-1}·s^{-1}

Nomenclature

Ω	Volume	m^3
ω_p	Fréquence du plasma	Hz ou s^{-1}
ϕ	Potentiel électrique	V ou $kg \cdot m^2 \cdot A^{-1} \cdot s^{-3}$
ρ	Masse volumique	$kg \cdot m^{-3}$
σ	Conductivité électrique	$S \cdot m^{-1}$ ou $A^2 \cdot s^3 \cdot kg^{-1} \cdot m^{-3}$
ε	Émissivité	
ε_n	Coefficient d'émission nette	$W \cdot m^{-3} \cdot ster^{-1}$ ou $kg \cdot m^{-1} \cdot s^{-3} \cdot ster^{-1}$

Indices

$*$	Valeur caractéristique
réf	Valeur de référence de la grandeur associée
$anode$	Relatif au domaine anode
$cathode$	Relatif au domaine cathode
e	Partie électronique de la grandeur physique
f	Grandeur à la température de fusion
i	Partie ionique de la grandeur physique
$plasma$	Relatif au domaine plasma
$plasma/anode$	Relatif à l'interface plasma/anode
$plasma/cathode$	Relatif à l'interface plasma/cathode

Lettres latines

B	Induction magnétique	T ou $kg \cdot s^{-2} \cdot A^{-1}$
E	Champ électrique	$V \cdot m^{-1}$ ou $kg \cdot m \cdot A^{-1} \cdot s^{-3}$
F	Force source du mouvement	$N \cdot m^{-3}$ ou $kg \cdot m^{-2} \cdot s^{-2}$
j	Densité de courant	$A \cdot m^{-2}$
n	Vecteur unitaire normal à une surface	
u	Champ de vitesse	$m \cdot s^{-1}$
A_g	Opposé de $\dfrac{\partial \gamma}{\partial T}$ pour un métal pur	$N \cdot m^{-1} \cdot K^{-1}$ ou $kg \cdot s^{-2} \cdot K^{-1}$

Nomenclature

a_k	Activité de l'espèce k	
A_r	Constante de Richardson	W·m^{-2}·K^{-2} ou kg·s^{-3}·K^{-2}
C_p	Chaleur massique à pression constante	J·kg^{-1}·K^{-1} ou m^2·s^{-2}·K^{-1}
f_l	Fraction liquide	
I	Courant	A
j_a	Densité de courant à la surface de l'anode	A·m^{-2}
k_1	Paramètre fonction de l'entropie de ségrégation	
l	Longueur	m
P	Pression themodynamique	Pa ou kg·m^{-1}·s^{-2}
p	Pression	Pa ou kg·m^{-1}·s^{-2}
p''	Pression dynamique dans le bain de soudage	Pa ou kg·m^{-1}·s^{-2}
Q_e	Section efficace de collision des molécules de gaz	m^2
S	Source d'énergie	W·m^{-3} ou kg·m^{-1}·s^{-3}
T	Température	K
T_l	Température du liquidus	K
T_s	Température du solidus	K

Introduction générale

Cette thèse est une contribution à la réalisation d'un modèle prédictif *3D* de la forme d'un bain de soudage à l'arc pour la simulation numérique du soudage.
On entend par modèle prédictif un modèle intégrant la physique des phénomènes mis en jeu dans le processus de soudage et permettant de réaliser des simulations directement à partir des données utilisées par le soudeur telles que par exemple : la tension, l'intensité, la vitesse de soudage, la hauteur d'arc ou la vitesse de fil.
Lorsque l'on parle de simulation numérique du soudage il est important de bien faire la distinction entre la simulation des effets du soudage et la simulation du procédé de soudage qui est la cause de ces effets.
La simulation des effets du soudage concerne les effets induits par le procédé sur la pièce, tels que le champ thermique, les contraintes résiduelles, les distorsions ou les modifications microstructurales. Il s'agit là principalement de simulations thermomécaniques et thermométallurgiques. Les Anglo-Saxons parlent de « Computational Weld Mechanics » mais il n'y a pas d'équivalence terminologique en France, nous utiliserons pour cela le terme de Simulation Thermo-Métallurgique-Mécanique du Soudage (S.T.M.M.S.).
La simulation du procédé de soudage concerne le procédé et son interaction avec le milieu environnant (la pièce, le gaz de protection, ...). Il s'agit de simulations basées sur des modèles intégrant plus ou moins de physiques et faisant généralement appel à plusieurs domaines comme la thermohydraulique, la dynamique des fluides, l'électromagnétisme, ou l'électrothermie, on la qualifie souvent de ce fait de simulation multiphysique.
Dans la quasi totalité des cas de S.T.M.M.S. (et dans la totalité des simulations numériques du soudage qui sont menées dans un cadre industriel) le procédé n'est pas simulé directement. En revanche, la chaleur apportée par le procédé est représentée par une distribution analytique, communément appelée « source de chaleur équivalente » et dont les paramètres sont cali-

Nomenclature

brés par l'utilisateur de la simulation.

Il faut aussi préciser les notions de simulation directe et de simulation indirecte. La simulation directe est celle dont les données d'entrées sont les paramètres du procédé. Elle peut donc être réalisée *a priori*, sans que l'expérience soit conduite. La simulation indirecte est celle dont les données d'entrée sont obtenues à partir de l'expérience à simuler elle est donc nécessairement a posteriori. De plus, ces données d'entrée ne peuvent généralement pas être explicitées en fonction des paramètres du procédé. Puisque l'expérience est réalisée ce type de simulation sert à valider un modèle ou une de ses parties, à la compréhension des mécanismes en support à l'expérience, à compléter des mesures (par exemple calculer les contraintes résiduelles ou les transformations métallurgiques à l'intérieur de la pièce, …).

Pour la simulation numérique du soudage la partie amont (contraintes résiduelles, distorsions, …) est aujourd'hui suffisamment maîtrisée pour être exploitée au travers de calculs par l'industrie, mais reste limitée pour le cas de grandes structures ou de multicomposant. Il est toutefois admis que la pertinence des résultats obtenus dépend fortement des conditions aux limites imposées au calcul structure et en particulier du modèle de chargement thermique. La modélisation de la partie aval : le procédé (chargement thermique de la structure) commence à émerger et n'est pas aujourd'hui utilisable dans l'industrie.

Le modèle de chargement thermique peut être obtenu de manière empirique par l'approche dite de « source de chaleur équivalente » qui est une fonction spatio-temporelle dont les paramètres (qui sont non-physiques) sont identifiés le plus souvent par méthode inverse à partir d'une expérience de soudage instrumentée avec des thermocouples. Cependant, cette démarche ne peut s'appliquer concrètement dans un contexte industriel. En effet, l'industriel est au plus disposé à réaliser une macrographie (coupe transversale du joint de soudure permettant d'évaluer les dimensions du cordon telles que la largeur et la pénétration). Le calage de la source à partir des macrographies est plus délicat, ce qui limite l'utilisation des outils de simulations aux experts du domaine.

Les industriels mettant en œuvre les procédés de soudage et/ou utilisant ou développant les outils de simulation numérique sont unanimes : ils souhaitent pouvoir simuler de manière prédictive l'opération de soudage par un modèle dont les paramètres dépendent des paramètres opératoires du

Nomenclature

procédé connus du soudeur (tension, intensité, vitesse d'avance, vitesse de fil,...). Ces industriels aimeraient que cet outil soit non seulement pertinent pour le calcul de structure mais aussi pour la soudabilité, et ce avec un outil logiciel utilisable par des techniciens.

Leurs attentes sont : la réduction des coûts et des délais (fabrication, mise aux points de maquettes) en substituant progressivement la simulation aux essais de soudage, l'estimation par calcul de l'importance des distorsions et la prédiction du comportement post soudage (intégrité des structures, résistance à la fatigue). Pour répondre à ces attentes le CEA s'est engagé en 2005 avec AREVA, CETIM, ESI, IS dans le projet MUSICA qui vise le développement d'outils logiciels industrialisables pour la simulation du soudage. MUSICA aura permis de fédérer industriels et universitaires et de produire des outils logiciels qui ont été appliqués sur des cas industriels. Notamment, WPROCESS un logiciel pour la simulation du procédé de soudage, développé par le CEA sur une base Cast3M [6] et avec une interface SA-LOMÉ.

Cette thèse aura aussi pour point de départ la thèse de Michel Brochard [5] et différents travaux de modélisation qui ont été effectués dans le cadre du projet MUSICA et capitalisés dans l'outil logiciel WPROCESS [1].

Le travail de M. Brochard consiste en un modèle *2D* axisymétrique d'une opération de soudage TIG SPOT sur un disque. Il a été développé dans Cast3M et inclus un modèle magnétohydrodynamique de l'électrode, de l'arc et du bain de soudage et leurs couplages (fig. 2). Ce modèle, à l'état de l'art, a été confronté avec succès avec des publications internationales et des expériences de soudage réalisées au sein de notre laboratoire. Le modèle a aussi été implanté dans le logiciel WPROCESS afin de faire la démonstration de la possibilité d'utiliser des simulations multiphysiques au sein d'un logiciel industriel utilisable par un non-expert qui constitue à ce jour une solution unique sur le marché.

Ainsi, les modèles dont nous disposions au début de cette thèse sont :

Brochard [5] Modèle couplé magnétohydrodynamique arc-bain *2D* axisymétrique stationnaire à surface fixe capable de simuler de manière fine un cas TIG SPOT ;

Gounand [25] Modèle *3D* thermohydrodynamique stationnaire de bain de soudage à surface fixe permettant de simuler un soudage rectiligne uniforme (ligne de fusion) sur des cas d'intérêt industriel comme un soudage en té ;

Nomenclature

Gounand [24] Des développements multiphysiques initiés dans Cast3M en vue de prendre en compte la surface libre, notamment le calcul des forces de tension de surface et une méthodologie robuste de bougé de maillage.

Du fait de ce travail existant, nous avons repris des choix effectués sur les méthodes numériques :
— le choix de nous intéresser à des solutions stationnaires des écoulements fluides ;
— le choix d'utiliser une méthode de type *front tracking* (suivi d'interface) où la surface est explicitement représentée. Ici, elle correspondra à une frontière ou à une ligne interne du maillage.

Le principal travail de cette thèse consistera à introduire la surface libre dans le modèle existant avec pour objectif la prédiction des seuils de pénétrations. Ceci permettra de disposer d'une première version de modules exploitables par l'outil logiciel de simulations multiphysiques du soudage WPROCESS. Concrètement il s'agit d'arriver à simuler une opération de soudage TIG à une vitesse de soudage fixée, en position de soudage à plat et sans métal d'apport sur une configuration de soudage bout à bout à bords francs sans jeu entre les tôles soudées. Ces simulations s'appliquent à des aciers non alliés ou inoxydable. La démarche consiste à poursuivre le développement du modèle multiphysique *2D* axisymétrique existant dans WPROCESS en ajoutant la prise en compte des déformations de surfaces libres du bain liquide en face endroit. Des validations expérimentales de type formation d'un bain de soudage TIG stationnaire non débouchant et débouchant au centre d'un disque seront réalisées.

Le chapitre 1 est consacré à une étude bibliographique sur la modélisation du procédé de soudage à l'arc dont l'idée est d'apporter au lecteur des éléments de compréhension pour la suite du manuscrit et d'expliciter quelques points nouveaux comme le traitement numérique de la surface libre déformable. Ce chapitre présente donc des éléments concernant le soudage à l'arc TIG et sa mise en oeuvre opératoire, la description des phénomènes physiques mis en jeu lors d'une opération de soudage, et les grands axes de la modélisation du soudage avec en particulier le traitement de la surface libre.

Nomenclature

Le chapitre 2 présente les modèles numériques qui ont été utilisés dans le cadre de cette thèse. L'implémentation proprement dite de ces modèles a été réalisée dans le logiciel de calcul par éléments finis Cast3M. Ces développements s'appuient sur la thèse de Michel Brochard [5] et différents travaux de modélisation effectués dans le cadre du projet MUSICA et rassemblés dans l'outil logiciel WPROCESS.

Le chapitre 3 concerne la vérification de notre modèle. Dans un premier temps, nous abordons la validation de la partie du modèle dédiée au calcul d'écoulement à interface mobile avec un maillage déformable. Pour cela, nous avons considéré une configuration isotherme où la surface d'une couche d'eau est impactée par un jet d'air. Les comparaisons entre les simulations et les expériences que nous avons conduites sont analysées et permettent de valider le modèle. Dans un deuxième temps nous étudions le creusement de la surface libre en présence d'une vitesse de défilement dans le but de vérifier l'implémentation en trois dimensions de l'algorithme et ce dans des conditions soudage.

Le chapitre 4 concerne la validité de notre modèle sur un domaine opératoire défini par trois facteurs : l'intensité du courant, la tension et la vitesse. Pour cela nous construisons un plan d'expériences et nous intéressons aux observables que sont la géométrie du bain de soudage, le volume du bain, la température maximale et la vitesse maximale du fluide. Des essais expérimentaux et leurs simulations sont réalisés pour les différentes valeurs des facteurs définies dans ce plan d'expériences. Outre le fait de définir un domaine de validité au modèle cela permettra aussi d'étudier sa sensibilité aux paramètres opératoires et l'influence opératoire de ceux-ci sur les observables.

Chapitre 1

Étude bibliographique

Sommaire

Objectifs du chapitre 1		**7**
1.1	**Présentation du soudage à l'arc TIG**	**8**
	1.1.1 Le procédé de soudage	8
	1.1.2 Principaux couplages dans le soudage	9
1.2	**Description des phénomènes physiques dans le bain fusion**	**11**
	1.2.1 Introduction	11
	1.2.2 L'apport d'énergie par le procédé de soudage à l'arc	11
	1.2.3 Les forces motrices de la convection dans le bain de fusion	15
	1.2.4 Changement de phase	19
	1.2.5 Vapeurs métalliques	19
	1.2.6 Transferts thermiques et écoulements fluides	21
	1.2.7 Déformation de la surface libre du bain fondu	22
1.3	**Revue de quelques modélisations numériques du soudage à l'arc TIG**	**23**
	1.3.1 Modèles multiphysiques couplés arc et bain	23
	1.3.2 Modèles pour le bain du soudage	24
1.4	**Simulation numérique d'un écoulement incompressible à interface mobile**	**27**
	1.4.1 L'écoulement avec l'interface mobile	27
Conclusions du chapitre 1 : choix du modèle pour satisfaire l'application industrielle		**29**

Objectifs du chapitre 1

L'objectif de ce chapitre est d'apporter au lecteur des éléments de compréhension pour la suite du manuscrit et d'expliciter quelques points nouveaux comme le traitement numérique de la surface libre déformable. Sur

la modélisation du procédé de soudage à l'arc, rien qu'en France ces 5 dernières années, le lecteur intéressé pourra trouver de nombreuses références [84, 30, 5, 68, 7, 67, 11, 48], ou encore en Europe la thèse de Edstorp [15].
Pour la modélisation et la simulation numérique du soudage en général on pourra consulter la revue réalisée par J.M. Bergheau [2]. Ces nombreux travaux récents montrent par ailleurs l'intérêt croissant pour cette thématique.

Ce chapitre présente donc des éléments concernant le soudage à l'arc TIG et sa mise en oeuvre opératoire, la description des phénomènes physiques mis en jeu lors d'une opération de soudage, et les grands axes de la modélisation du soudage avec en particulier le traitement de la surface libre.

1.1 Présentation du soudage à l'arc TIG

1.1.1 Le procédé de soudage

Le soudage à l'arc TIG (Tungsten Inert Gaz) est un procédé d'assemblage manuel ou automatisé par fusion de l'interface entre deux pièces, conduisant à une continuité métallique. L'opération de soudage consiste à établir un arc électrique entre une électrode non fusible et une pièce à souder sous la couverture d'un gaz inerte qui assure simultanément la protection de l'électrode (que l'on pourra nommer cathode : pôle négatif du générateur) et de la pièce à souder (que l'on pourra nommer anode : pôle positif du générateur) contre l'oxydation par l'air ambiant. Les gaz de protection les plus souvent utilisés sont l'argon, l'hélium ou un mélange des deux. Un schéma de principe du procédé est présenté sur la figure 1.1).
Dans certains cas d'application, comme celui des assemblages de fortes épaisseurs, les pièces peuvent être soudées en utilisant un apport de matière sous la forme de fil ou de baguette. Si cet apport est de même composition que le métal de base, on parle de soudage homogène, dans le cas contraire, il s'agit de soudage hétérogène.

Dans le cas du soudage TIG, le bain de fusion peut être considéré comme un volume de métal à l'état liquide, éventuellement alimenté par un apport de matière extérieur, se déplaçant linéairement entre les deux parties solides qui sont les pièces à joindre. Les mouvements du bain liquide et la forme de sa surface résultent de la combinaison de forces volumiques et surfaciques. Les forces volumiques sont les forces de Lorentz et les forces

1.1 Présentation du soudage à l'arc TIG

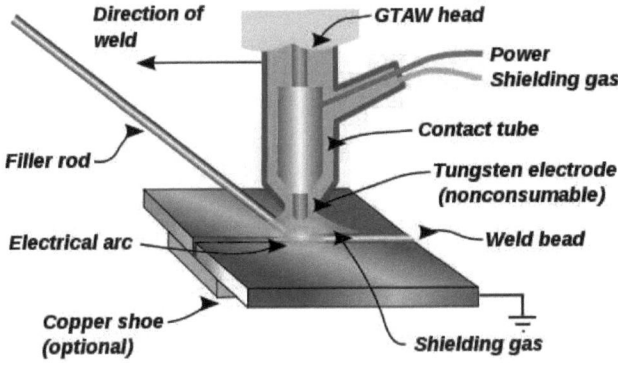

FIGURE 1.1 – Assemblage par le procédé TIG.

de flottabilité. Les forces surfaciques résultent de la tension de surface et de la pression du plasma d'arc et du cisaillament aérodynamique créé par l'écoulement du gaz de protection.

À ces mouvements dans le liquide, s'ajoutent des pertes de chaleur par conduction, convection ou radiation ou encore des pertes massiques par évaporation à l'interface arc/bain.

Dans l'application industrielle, le soudeur détermine les paramètres opératoires afin d'obtenir la meilleure qualité de soudure. Parmi ces paramètres on trouve le courant électrique, la hauteur d'arc et la vitesse de soudage qui changent la forme de l'arc et la quantité de chaleur transmise à la pièce.

Dans un contexte nucléaire avec des pièces de fortes épaisseurs, l'assemblage est réalisé avec un chanfrein et un apport de matière sous la forme d'un fil métallique. Le rayon et la vitesse de dévidage du fil d'apport sont aussi des paramètres essentiels pour le soudeur.

1.1.2 Principaux couplages dans le soudage

Un assemblage par soudage peut se décomposer en plusieurs zones qui sont présentées sur la figure 1.2 :
— La zone fondue (ZF) : zone où la température a dépassé la température du *liquidus* mais reste inférieure à la température de vaporisation. La structure métallurgique obtenue après solidification, dépend de la vitesse de refroidissement.

1.1 Présentation du soudage à l'arc TIG

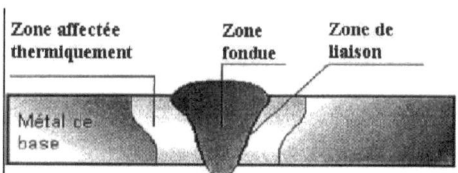

FIGURE 1.2 – Les différents zones d'un joint soudé.

— La zone pâteuse : zone où la température est comprise entre le *solidus* et le *liquidus*.
— La zone affectée thermiquement (ZAT) : zone se trouvant en bordure de la zone fondue, ayant été soumise à une élévation de température inférieure au *solidus* mais suffisante pour transformer la microstructure initiale du matériau.
— Le métal de base : zone, aussi appelée zone non affectée, située au delà de la zone affectée thermiquement. L'évalation de température subie n'engendre pas de transformation mesurable de la microstrucutre initiale du matériau.

L'opération de soudage fait interagir de nombreux phénomènes physiques à différentes échelles. Ces phénomènes relèvent des domaines de l'électromagnétisme, de la métallurgie physique, de la thermodynamique, de la mécanique des fluides et de la mécanique du solide. Ainsi, le soudage engendre localement des défauts ou des transformations métallurgiques et microstructurales (échelle microscopique), des écoulements fluides dans la bain fondu, l'évaporation et la solidification de la matière (échelle mésoscopique) et des contraintes et distorsions résiduelles (échelle macroscopique).

Ce travail de thèse a pour objectif de développer un modèle d'écoulement à surface libre dans le bain fondu afin d'améliorer la prédiction de la géométrie d'un cordon de soudure ; seuls les aspects concernant la mécanique de fluides et les transferts de chaleurs seront considérés.

1.2 Description des phénomènes physiques dans le bain fusion

1.2.1 Introduction

Le comportement du bain fondu joue un rôle important sur la qualité de la soudure et la forme du cordon. Les principaux phénomènes physiques intervenant sur l'écoulement et la répartition thermique dans la pièce sont représentés sur la figure 1.3. La description du bain de fusion nécessite de prendre en compte les mouvements de convection et les transferts de chaleur. Les grandeurs considérées sont donc le champ de vitesse de le champ de température.

L'énergie apportée par le plasma d'arc se dissipe principalement sous la forme de rayonnement vers le gaz de couverture et de conduction thermique et électrique vers le bain liquide. Le bain de fusion est constitué de métal liquide avec une température comprise entre la température de *liquidus* et la température de vaporisation. Puisque l'évaporation du métal limite la température maximale, l'énergie est alors dissipée dans le solide principalement par conduction. D'autres sources, comme le rayonnement de la surface de la pièce solide, l'évaporation du métal à la surface du liquide, les échanges par convection entre la pièce et l'air ambiant entraînent une dissipation d'énergie mais dans des proportions d'une décade inférieure. La figure 1.3 schématise quelques phénomènes physiques dans le soudage.

1.2.2 L'apport d'énergie par le procédé de soudage à l'arc

Il y a principalement deux approches pour simuler l'apport d'énergie du procédé à la pièce. La première, qui est la plus courante, consiste à modéliser cet apport par une source de chaleur équivalente dont on se donne le flux. Ce flux peut être représenté par une distribution surfacique ou volumique, ou bien les deux. Les paramètres de cette distribution sont alors calibrés sur une expérience représentative de la configuration de soudage à simuler. La deuxième approche consiste à modéliser le procédé et nécessite la résolution d'un problème multiphysique. Avec cette approche, la simulation est directe car les données d'entrées sont les paramètres du procédé. Elle peut donc être réalisée *a priori*, sans que l'expérience soit conduite contrairement à la première approche qui nécessite des données

1.2 Description des phénomènes physiques dans le bain fusion

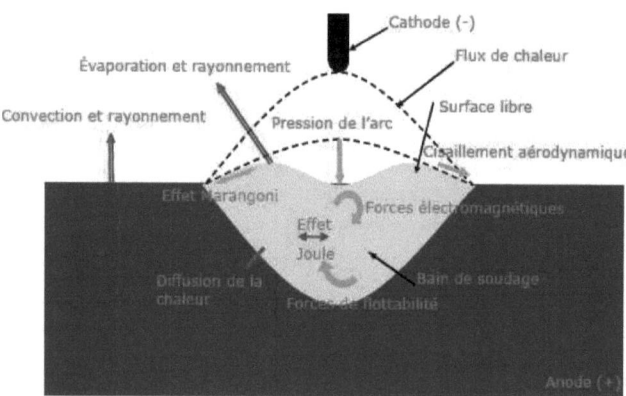

FIGURE 1.3 – Phénomènes physiques en soudage à l'arc TIG

d'entrée issues de l'expérience à simuler. Données qui ne peuvent généralement pas être explicitées en fonction des paramètres du procédé. Puisque l'expérience est réalisée, les simulations avec la première approche permettent plutôt de valider un modèle ou une de ses parties, de comprendre des mécanismes en support à l'expérience, ou encore d'évaluer les conséquences induites par le soudage (transformations métallurgiques à l'intérieur de la pièce, contraintes, distorsions résiduelles ...). Ces simulations permettent aussi d'étudier des variantes autour d'un point de fonctionnement (par exemple en faisant varier une géométrie, un angle de chanfrein sans toucher aux paramètres du procédé). Avec une simulation directe du procédé, l'objectif recherché est l'amélioration de la capacité prédictive du modèle et la possibilité de simuler directement avec les paramètres du soudeur. Nous présentons ci-après quelques exemples des deux approches de modélisation de cet apport d'énergie ; on trouvera une revue intéressante concernant différents modèles de sources équivalentes dans [39]. Les modèles de sources équivalentes sont principalement utilisés en vue de calculs thermomécaniques avec un modèle thermique de conduction dans le solide et le bain fondu mais peuvent être aussi utilisés pour des calculs avec un modèle convectif fluide dans le bain fondu.

1.2 Description des phénomènes physiques dans le bain fusion

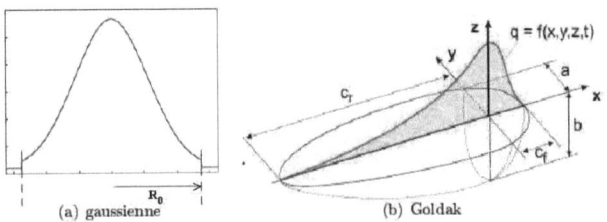

FIGURE 1.4 – Flux de chaleur surfacique Gaussien et volumique Goldak.

1.2.2.1 Distribution d'énergie surfacique

L'énergie apportée par le procédé diminue avec l'éloignement du centre de la torche. On peut supposer que ce flux est uniquement surfacique et que sa densité suit une distribution Gaussienne [72, 40, 98] qui est de la forme :

$$f(x) = \frac{\eta U I}{2\pi\sigma^2} exp(-\frac{x^2 + y^2}{2\sigma^2}) \qquad (1.1)$$

où I représente le courant, U la tension, η le rendement du procédé et σ le rayon caractéristique de la distribution. Le rendement caractérise le rapport entre l'énergie reçue par la pièce soudée et celle fournie par le générateur de soudage. La mesure exacte du rendement est très délicate à obtenir car celui-ci dépend de nombreux paramètres comme la nature du métal de base, la longueur de l'arc, l'intensité du courant, la vitesse de soudage, la nature du gaz de protection. Les valeurs de rendement trouvées dans la littérature sont souvent très différentes. À titre d'exemple dans le cas du soudage d'acier, en procédé TIG sous Argon, on considère que le rendement est compris entre 0,25 et 0,75. Ce rendement peut atteindre 0,55 à 0,80 avec de l'helium comme gaz de couverture [27, 70].

1.2.2.2 Distribution d'énergie volumique

Quand on utilise un modèle de conduction pure pour la simulation numérique du soudage, une distribution surfacique d'énergie est souvent insuffisante pour décrire les effets de convection dans le bain. C'est pourquoi Goldak [22] a proposé une source volumique pour le soudage à l'arc avec apport de matière (figure 1.4). Cette source est très souvent utilisée, elle est composée de deux demi-ellipsoïdes en avant et à l'arrière de l'axe de

1.2 Description des phénomènes physiques dans le bain fusion

l'électrode et permet de tenir compte d'une grande variété de configuration de soudage. Cette source est décrite par les relations suivantes :

$$\begin{cases} q_f(x,y,z) = \eta U I f_f \dfrac{6\sqrt{3}}{abc_f\pi\sqrt{\pi}} exp(-3((\dfrac{x}{c_f})^2 + (\dfrac{y}{a})^2 + (\dfrac{z}{b})^2)) \\ q_r(x,y,z) = \eta U I f_r \dfrac{6\sqrt{3}}{abc_r\pi\sqrt{\pi}} exp(-3((\dfrac{x}{c_r})^2 + (\dfrac{y}{a})^2 + (\dfrac{z}{b})^2)) \\ f_f + f_r = 2 \end{cases} \quad (1.2)$$

où x, y, z sont les coordonnées du point solide considéré dans le repère mobile lié à la source de chaleur, c_f est le rayon suivant l'axe des x (le long de la trajectoire de soudage) de la demi ellipsoïde à l'avant de la torche, c_r est le rayon suivant l'axe des x de la demi ellipsoïde à l'arrière de la torche, $\eta U I$ est l'énergie de soudage transférée à la pièce, a est le rayon suivant l'axe des y (axe transversal à la trajectoire) de la demi ellipsoïde, b est le rayon suivant l'axe des z de la demi ellipsoïde, f_f est la fraction de l'énergie totale appliquée à l'avant de la torche, f_r est la fraction de l'énergie totale appliquée à l'arrière de la torche. Au final cette source requiert l'identification de 6 paramètres.

La détermination des paramètres intervenant dans les modèles de source décrits celle-ci n'est pas immédiate et nécessite un recalage sur des données expérimentales (mesures de température ou de la zone fondue). Lorsqu'une macrographie est disponible, la profondeur et la largeur de la zone fondue peuvent être utilisées pour déterminer les coefficients des modèles de source.

1.2.2.3 Distribution d'énergie issue d'une simulation 2D du plasma d'arc

Les distributions Gaussienne et de Goldak représentent l'apport d'énergie du soudage sous la forme d'une source de chaleur équivalente. Leurs paramètres ne sont pas explicitement liés à ceux du soudage et doivent être calibrés à partir de mesures expérimentales. Une démarche plus physique consiste à modéliser le procédé et son interaction avec la pièce : c'est l'approche directe. Dans le cas du soudage à l'arc, cela nécessite la résolution d'un problème de magnétohydrodynamique dans la pièce à souder et dans l'arc. Ce type de simulation conduit à des temps de calcul très élevés ; c'est la raison pour laquelle, on se place généralement dans des situations bidimensionnelles axisymétriques [5]. Cependant, deux équipes travaillant en collaboration semblent avoir très récemment réalisé des calculs *3D* [61] et [74].

1.2.3 Les forces motrices de la convection dans le bain de fusion

1.2.3.1 Convection gravitationnelle

Comme cela est généralement fait pour la modélisation dans les modèles arc/bain [29, 79, 53, 54], l'écoulement est considéré incompressible et l'approximation de Boussinesq [87] est utilisée pour prendre en compte le phénomène de convection naturelle dans le bain de soudage. La masse volumique est alors considérée constante dans le bain liquide et un terme de flottabilité apparaît dans l'équation de conservation de la quantité de mouvement. D'une manière générale, en convection libre, le mouvement est causé par la variation de masse volumique du fluide soumis à un champ de force, par exemple le champ gravitationnel. On peut déterminer dans un premier temps la force δF qui s'exerce sur une particule fluide de volume δV sous l'effet de la variation de masse volumique caractérisée par la relation :

$$\mathbf{f_{Bou}} = \rho_{ref}\mathbf{g}\beta(T - T_{ref}) \tag{1.3}$$

où T_{ref} est une température de référence, β est le coefficient de dilatation volumique et ρ_{ref}, la masse volumique du bain à la température T_{ref}. Cette force est égale à $\beta(T - T_{ref})$ fois celle de la gravité, c'est à dire qu'elle est de l'ordre de une à deux décades inférieure. À partir de calculs qu'il a menés Debroy [12] estime qu'elle peut entraîner le liquide à une vitesse de l'ordre de $3\,\text{cm}\cdot\text{s}^{-1}$.

1.2.3.2 Mouvements dûs aux forces électromagnétiques

Le courant électrique entre dans le bain par sa surface ; il est accompagné d'un champ magnétique. L'interaction du champ électrique et du champ magnétique engendre une force électromagnétique (force de Lorentz) qui agit sur les particules du métal liquide. Cette force électromagnétique est définie par l'équation :

$$\mathbf{F} = \mathbf{j} \wedge \mathbf{B} \tag{1.4}$$

où $\mathbf{B}$ est l'induction magnétique et $\mathbf{j}$ la densité de courant. L'influence des forces électromagnétiques a été étudiée expérimentalement et théoriquement par de nombreux auteurs comme [64]. La vitesse de l'écoulement

1.2 Description des phénomènes physiques dans le bain fusion

engendrée par ces forces peut être de l'ordre de 10 cm·s^{-1} pour des intensités de soudage de 100 A à 200 A.

1.2.3.3 Convection *Marangoni*

La tension de surface est à l'origine d'écarts de comportement d'un liquide ou d'un gaz par rapport aux lois de l'hydrostatique. Comme les surfaces ayant une tension de surface élevée attirent plus les molécules que les surfaces à faible tension de surface, un gradient de tension de surface engendre un mouvement parallèlement à la surface. Ces gradients engendrent donc une force de cisaillement qui s'exerce le long de la surface du liquide et conduit à un écoulement à la surface. Si le liquide est confiné dans un petit bassin, l'écoulement de surface induit provoque la convection dans le bassin entier à cause de la viscosité du liquide. Ce type d'écoulement, appelé effet *Marangoni* ou mouvement thermocapillaire, a été étudié en 1871 par *Marangoni*. Dans le cas du soudage, il existe bien évidemment un fort gradient thermique sur la surface du bain. En effet, la température peut varier de la température de vaporisation au centre du bain à la température du *liquidus* sur les bords du bain. Cette variation est généralement de l'ordre de 1 000 K·cm^{-1}.

Cependant, l'acier n'est pas un corps pur et le bain liquide peut être contaminé par de l'oxygène ou par d'autres impuretés. L'addition d'éléments chimiques au corps pur peut modifier nettement sa tension de surface. Ainsi l'addition de soufre, d'oxygène la fait chuter notablement comme le montre la figure 1.5. Ces évolutions ont été calculées à partir de l'expression proposée par Sahoo [73] :

$$\gamma(T, a_k) = \gamma_f - A_g \left(T - T_f\right) - RT\Gamma_s \ln\left[1 + k_1 a_k \exp\left(-\frac{\Delta H^0}{RT}\right)\right] \quad (1.5)$$

Où γ_f est la tension de surface du métal pur à sa température de fusion T_f, A_g est l'opposé de $\partial\gamma/\partial T$ pour le métal pur, T la température de surface, R la constante des gaz parfaits, Γ_s l'excès de concentration en soluté une fois la surface saturée, k_1 un paramètre fonction de l'entropie de ségrégation, a_k l'activité de l'espèce k dans la solution et ΔH^0 est l'enthalpie standard d'adsorption.

La figure 1.6 montre l'influence du signe de $\partial\gamma/\partial T$ sur la forme du bain. Une valeur négative (bas soufre) tend à élargir le bain au contraire une valeur positive (haut soufre) tend à favoriser la pénétration. Debroy [12] es-

1.2 Description des phénomènes physiques dans le bain fusion

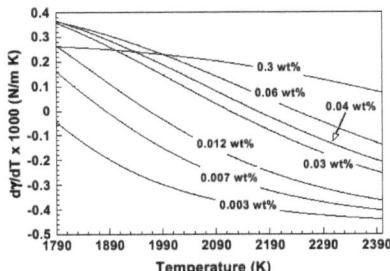

FIGURE 1.5 – Évolutions de $\dfrac{\partial \gamma}{\partial T}$ avec la température (K) du couple Fe-S [59].

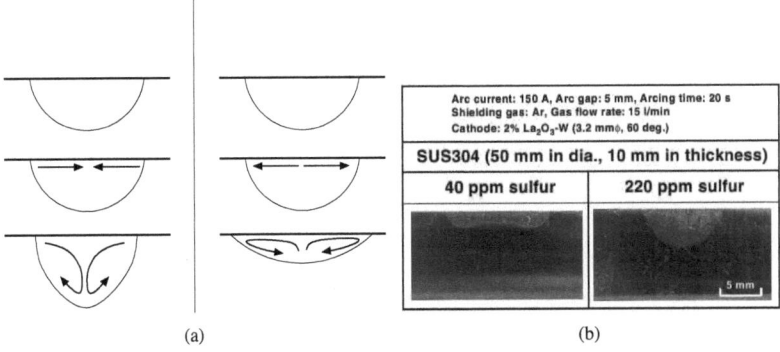

FIGURE 1.6 – (a) : Influence du signe de $\partial \gamma / \partial T$ sur la forme du bain de soudage, (b) : macrographies montrant l'influence de la concentration en soufre sur la forme du bain [79].

time qu'elle peut entraîner le liquide à une vitesse de l'ordre de $60 \, \text{cm·s}^{-1}$.

1.2.3.4 Le cisaillement aérodynamique

Le cisaillement aérodynamique provient du passage du gaz de protection à la surface du bain. Il crée des courants qui tendent à élargir le bain et à le rendre plus mouillant. Les auteurs sont partagés quand à l'ordre de grandeur de cette force. Hamide [30] propose de négliger cet effet dans le cas du soudage à l'arc, Brochard [5] montre que dans un cas *2D* axisymétrique l'ordre de grandeur de la puissance engendrée par la force de cisaillement peut être le même que l'effet *Marangoni* et Traïda considère

1.2 Description des phénomènes physiques dans le bain fusion

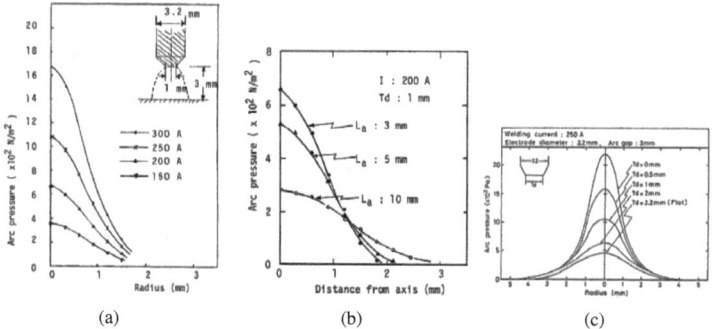

(a) (b) (c)

FIGURE 1.7 – (a) : Variation de la pression d'arc en fonction du courant,(b) variation de la pression d'arc en fonction de la hauteur, (c) Variation de la pression d'arc en fonction de la taille de l'électrode.

que c'est la troisième force derrière l'effet *Marangoni* et les forces de Lorentz, mais que l'intensité de cette force dépend fortement de la nature du mélange du gaz de protection [84].

1.2.3.5 Pression de l'arc

Le champ de pression extérieur appliqué à la surface du bain est constitué par la pression du plasma d'arc et du gaz de protection. La distribution de cette pression varie en fonction de l'intensité du courant, de la hauteur d'arc (tension), de la géométrie de l'électrode et de la nature du gaz de protection (figure 1.7). Cette pression a une influence importante sur la déformation de la surface libre du bain et donc sur les écoulements et la pénétration. La répartition de la pression d'arc est supposée suivre une distribution normale [40, 98, 96] qui peut s'écrire :

$$P_a = \frac{F}{2\pi\sigma_p^2} exp(-\frac{r^2}{2\sigma_p^2}), \quad (1.6)$$

avec
— F : force totale de l'arc à la surface du bain fondu,
— σ_p : rayon caractéristique de l'application de cette force,
— r : distance depuis le centre de l'électrode.

Le calcul de la pression d'arc à la surface du bain nécessite les valeurs de la force totale et du rayon caractéristique. Lin et Eagar [51] ont déjà mesuré la répartition de la pression de l'arc avec différents angles d'affûtage, 30°,

1.2 Description des phénomènes physiques dans le bain fusion

60° et 90° dans l'électrode. Les mesures indiquent que F et σ_p dépendent fortement de l'intensité du courant dans le soudage ; ces deux valeurs sont données par :

$$F = \begin{cases} -0,06049 + 0,0002808 \times I & \text{(angle d'affûtage de 30°)} \\ -0,04017 + 0,0002553 \times I & \text{(angle d'affûtage de 60°)} \\ -0,04307 + 0,0001981 \times I & \text{(angle d'affûtage de 90°)} \end{cases} \quad (1.7)$$

$$\sigma_p = \begin{cases} 0,7725 + 0,00193 \times I & \text{(angle d'affûtage de 30°)} \\ 1,4875 + 0,00123 \times I & \text{(angle d'affûtage de 60°)} \\ 1,4043 + 0,00174 \times I & \text{(angle d'affûtage de 90°)} \end{cases} \quad (1.8)$$

où I est l'intensité du courant utilisé.

1.2.4 Changement de phase

Lorsque la température de fusion est atteinte, il se crée une interface solide/liquide qui est le siège d'absorption ou de libération d'une certaine quantité d'énergie. Cet échange d'énergie se traduit par une discontinuité de l'enthalpie du matériau. Malmuth [55] a été l'un des premiers à étudier l'effet de la chaleur latente de fusion-solidification sur la forme du bain. Il précise que, dans le cas de l'acier, la chaleur latente représente entre 30 et 50% de l'énergie sensible nécessaire pour amener le métal à la température de fusion. Il précise que l'effet du changement de phase semble être négligeable sur la largeur de l'isotherme de fusion, du moins lorsque le niveau de puissance est faible, alors qu'il est plus important sur la longueur du bain.

1.2.5 Vapeurs métalliques

Les fortes températures aux interfaces du plasma conduisent à une évaporation des composés métalliques. Ces composés se mélangent avec le plasma et modifient ses propriétés et le rendement du procédé. Une faible proportion de métal évaporé peut contribuer à une forte augmentation de la conductivité électrique du plasma. Le champ électrique local est abaissé par la présence de vapeur métallique, qui a également une forte influence sur la température. Vacquié [86] indique que pour une intensité du courant

1.2 Description des phénomènes physiques dans le bain fusion

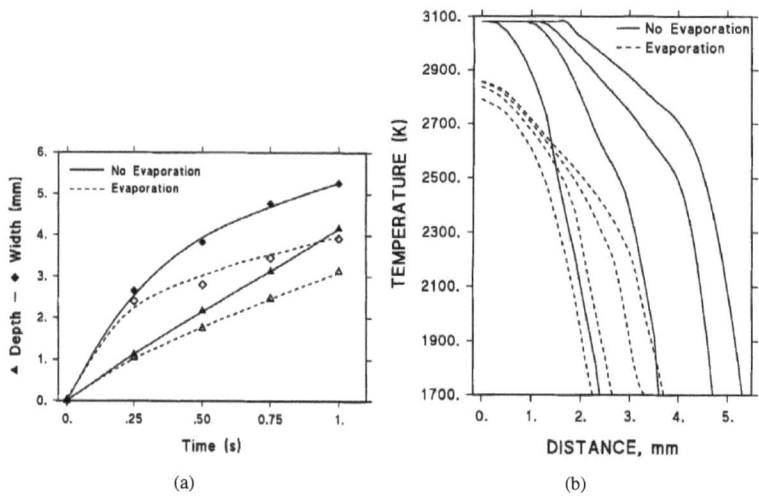

FIGURE 1.8 – (a) : Influence de la prise en compte de l'évaporation sur la géométrie du bain fondu, (b) : Influence de la prise en compte de l'évaporation sur la distribution de température [93].

d'arc de 20 A, dans l'azote à la pression atmosphérique, le champ électrique est d'environ 30 V·cm^{-1}. L'adjonction de 1% de cuivre fait tomber cette valeur à 20 V·cm^{-1}. Pour ce même courant et dans les mêmes conditions, une teneur en cuivre aussi faible que 0,1% entraîne un abaissement de 2 500 K de la température sur l'axe de la décharge. Zacharia [93] comparent deux simulations fluides 2D axisymétriques avec et sans prise en compte de l'évaporation et montrent que l'effet de l'évaporation modifie nettement la géométrie et la distribution de température. Cependant, ils ont considéré un apport de chaleur constant et n'ont pas tenu compte de sa modification du fait de l'évaporation. Il n'ont pas non plus pris en considération la modification de tension de surface. Il est donc difficile de conclure quant à l'effet de l'évaporation mais nous considérons comme Debroy [12] que dans le cas où de faibles énergies sont mises en jeu, comme dans le soudage à l'arc, l'effet peut être négligé. Une expression simple est souvent utilisée pour prendre en compte cet effet :

$$\begin{cases} q_{evp} = W \Delta H_v \\ log\, W = A_v + log\, P_{atm} - 0,5 log T \\ log\, P_{atm} = 6,1210 - \dfrac{18,836}{T} \end{cases} \quad (1.9)$$

Où H_v est l'enthalpie de vaporisation et A_v une constante.

1.2.6 Transferts thermiques et écoulements fluides

1.2.6.1 Équation de la chaleur

L'équation de la chaleur, formulée en température, s'écrit :

$$\rho c_p (\frac{\partial T}{\partial t} + \mathbf{v} \cdot \nabla T) = \nabla \cdot \lambda \nabla T + q \quad (1.10)$$

avec
— λ : conductivité thermique fonction de la température (W·m^{-1}·K^{-1}) ;
— c_p : chaleur spécifique à pression constante, fonction de la température (J·kg^{-1}·K^{-1}) ;
— ρ : masse volumique du matériau (kg·m^{-3}) ;
— $\mathbf{v}$: vitesse d'écoulement du fluide (m·s^{-1}) ;
— q : source de chaleur volumique (W·m^{-3}).

1.2.6.2 Échange par convection

En général, il est assez difficile de déterminer exactement les conditions aux limites sur la surface extérieure de la pièce soudée. Elles s'écrivent :

$$q_c = -h_c(T - T_{ext}) \quad (1.11)$$

avec
— q_c : densité de flux de chaleur reçu par la surface de la pièce (W·m^{-2}) ;
— h_c : coefficient global d'échange thermique par la surface (W·m^{-2}·K^{-1}) ;
— T_{ext} : température du milieu extérieur (K) ;
— T : température de la surface la pièce (K).

Selon Dennery et Guenot [13], dans le cas du soudage de l'acier, l'influence des pertes surfaciques est très faible pour des vitesses de soudage usuelles de 0,3 à 3 cm·s^{-1}. Pour une épaisseur de pièce supérieure à 1 mm, les pertes peuvent généralement être négligées.

1.2 Description des phénomènes physiques dans le bain fusion

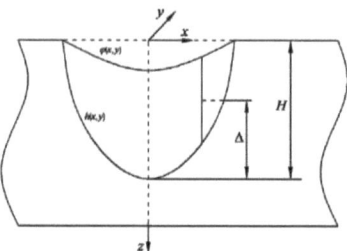

FIGURE 1.9 – Schéma illustrant le profil de la surface libre du bain fondu [89].

1.2.6.3 Échange par rayonnement

Les échanges par rayonnement peuvent être évalués à partir de l'expression de la puissance rayonnée dans un milieu infini :

$$q_r = -\epsilon\sigma(T^4 - T_{ext}^4) \tag{1.12}$$

avec
— q_r : densité de flux de chaleur reçu par la surface de la pièce (W·m^{-2}) ;
— ϵ : émissivité de la surface ;
— σ : constante de Stefan-Boltzmann (W·m^{-2}·K^{-4}).

1.2.7 Déformation de la surface libre du bain fondu

En ce qui concerne la déformation de la surface libre, Fan [19] concluent que pour un bain débouchant, la surface libre apparaissant en dessous peut modifier profondément la pénétration du bain. En revanche, Lei [49] concluent que la déformation de la surface soumise au plasma a une très faible influence sur les champs de température pour des courants inférieurs à 200 A lorsque le bain n'est pas débouchant, ce qui sera le cas lors de notre étude. En régime stationnaire, le profil de la surface libre comme sur la figure 1.9 peut être déterminé par une méthode de minimisation de l'énergie de surface. Cette méthode a déjà été utilisée dans le soudage à l'arc TIG [90, 89] et aussi dans le soudage MIG/MAG [85, 40, 97, 98]. Le profil de la surface est alors donné par l'équation suivante :

$$\gamma(\frac{(1+\varphi_{,y}^2)\varphi_{,xx} - 2\varphi_{,x}\varphi_{,y}\varphi_{,xy} + (1+\varphi_{,x}^2)\varphi_{,yy}}{(1+\varphi_{,x}^2+\varphi_{,y}^2)^{3/2}}) = \rho_0 g\varphi + P_a + \lambda \tag{1.13}$$

avec

- γ : tension de surface,
- φ : profil de la surface libre,
- P_a : distribution de la pression d'arc,
- $\varphi_{,x}$, $\varphi_{,y}$: dérivées partielles par rapport respectivement à x et y,
- ρ : masse volumique du métal liquide,
- λ : multiplicateur de Lagrange déterminé par la conservation du volume.

Wu [89] proposent aussi une méthode pour calculer la déformation de la surface dans le cas de soudures débouchantes.

1.3 Revue de quelques modélisations numériques du soudage à l'arc TIG

1.3.1 Modèles multiphysiques couplés arc et bain

Ces modèles couplent l'écoulement et les transferts thermiques dans le plasma d'arc et le bain de soudage. De nombreux modèles existent dans la littérature, chacun avec ses points forts et ses points faibles. Les modèles couplant les physiques de l'arc et du bain de soudage pour la modélisation du soudage à l'arc TIG ou MIG (avec l'électrode fusible) sont encore peu nombreux. On peut citer les modèles de Haidar [28], de Lu [53], de Fan [18] et de Tanaka ([80], [81], [82], [77], [78], [52], [79]...). Ils sont tous 2D axisymétriques !
Le modèle de Tanaka [79] fait référence aujourd'hui. Brochard [5] a développé un nouveau modèle tenant compte de la variation de l'effet *Marangoni* et utilise des propriétés thermophysiques dépendantes de la température et met en oeuvre la méthode LSFEM [1] pour discrétiser le champ magnétique et le champ électrique. Les auteurs ([28], [54], [18]) traitent la déformation de la surface libre, et Lu [54] concluent que la géométrie du bain est mieux prédite quand la déformation de la surface libre est prise en compte (figure 1.10). Les auteurs [18, 36, 92, 71] développent un modèle couplé arc-bain MIG/MAG avec prise en compte du détachement de la goutte de l'électrode fusible (figure 1.11). Les modèles bidimensionnels axisymétriques permettent d'améliorer la compréhension des phénomènes physiques mis en jeu et de mettre en place les briques élémentaires de futurs modèles *3D* mais les procédés de soudage avec défilement nécessitent

---
1. Least-Squares Finite Element Method

1.3 Revue de quelques modélisations numériques du soudage à l'arc TIG

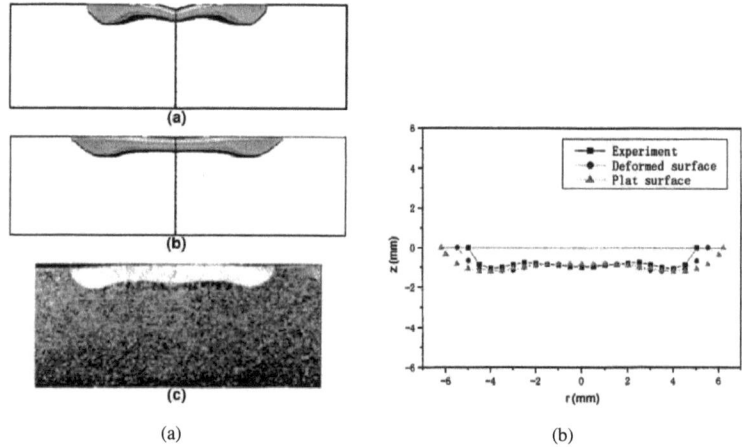

(a)   (b)

FIGURE 1.10 – (a) : Bain fondu simulé avec surface libre déformable (a) non-déformable (b), macrographie (c). (b) Comparaison des profils obtenus [54].

une modélisation tridimensionnelle.

1.3.2 Modèles pour le bain du soudage

1.3.2.1 Modèles de conduction pure

Les auteurs [41, 89, 66, 91, 40] utilisent un modèle de conduction pour simuler la distribution de température et la forme du cordon. La déformation de la surface libre et l'apport de matière sont aussi inclus dans le modèle de Zhang [40]. Pour mettre les géométries simulées et expérimentales en cohérence, une valeur de conductivité thermique pour le liquide de $420\,\text{W·m}^{-1}\text{·s}^{-1}\text{·K}^{-1}$ est utilisée dans le calcul. Celle-ci est 20 fois plus grande que la valeur originale ($21\,\text{W·m}^{-1}\text{·s}^{-1}\text{·K}^{-1}$). Comme Zhang [98] le conclut dans son article suivant, bien que le modèle de conduction puisse simuler l'effet de la convection par l'introduction d'une grande valeur de conductivité thermique dans le métal liquide, il n'est pas possible de prédire convenablement la géométrie du bain (figure 1.12).

1.3 Revue de quelques modélisations numériques du soudage à l'arc TIG

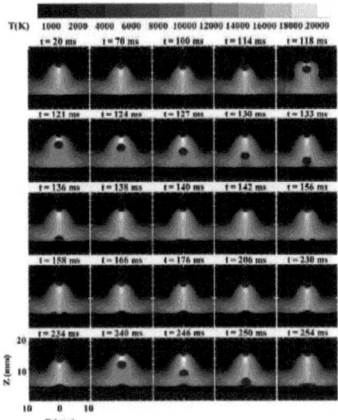

FIGURE 1.11 – Distribution température dans l'arc et le bain du soudage MAG lors du détachement d'une goutte de l'électrode fusible [36].

1.3.2.2 Modèles avec convection

Parmi les modèles 2D on peut citer les travaux [100, 44, 45, 19, 33, 94, 99]. La surface libre est considérée plane dans les modèles [33, 99, 23], alors que les autres auteurs prennent en compte la déformation de la surface du bain fusion [45, 19]. Zhou [100] développent un modèle pour le soudage hybride laser-MIG avec prise en compte de l'apport de matière provenant de l'électrode fusible. Les avantages des modèles 2D axisymétriques sont qu'ils peuvent prendre en compte des phénomènes physiques complexes et couplés tout en restant dans des temps de calcul raisonnables. De plus, le calcul peut être réalisé avec un maillage assez fin pour de bien traiter les mouvements du métal liquide, la zone pâteuse et l'interaction de la goutte de métal et la surface libre.

La modélisation 3D est en revanche essentielle pour simuler une réelle opération de soudage où, par exemple, la cathode serait mobile. Cependant, les temps de calcul d'un tel modèle deviennent très importants avec un maillage fin. Les modèles [60] supposent une surface indéformable, et les autres modèles [50, 9, 95, 58, 69] prennent en compte la déformation de la surface. L'apport de matière est aussi inclus dans les modèles [8, 35, 88, 97, 17] pour le soudage TIG ou MIG/MAG. Les mouvements de convection dans le fluide sont le résultat des effets combinés des forces

1.3 Revue de quelques modélisations numériques du soudage à l'arc TIG

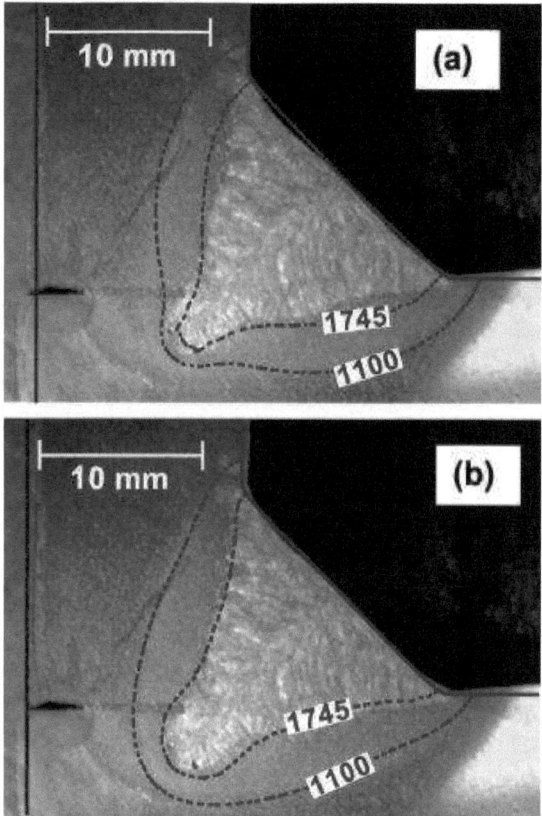

FIGURE 1.12 – Comparaison entre les profils du bain simulés et mesurés : (a) modèle de conduction avec la conductivité thermique $420\ \text{J·m}^{-1}\text{·s}^{-1}\text{·K}^{-1}$; (b) modèle de convection avec une conductivité thermique de $88,2\ \text{J·m}^{-1}\text{·s}^{-1}\text{·K}^{-1}$ [96].

de *Marangoni*, Lorentz, flottabilité, ainsi que le cisaillement et la pression d'arc qui déforment la surface du bain. L'effet *Marangoni* est pris en compte dans presque tous les modèles, avec un coefficient constant ou variable en fonction de température, à cause de son rôle dominant dans les mouvements des fluides.

L'arc n'est pas modélisé dans le modèle du bain, donc le flux thermique et l'effet de pression d'arc doivent être ajoutés comme des conditions aux limites. Les formules expérimentales, par exemple 1.7, sont largement utilisées par les différents auteurs. Mais les incertitudes sur les conditions aux limites réduisent les capacités prédictives des modèles sur la géométrie du bain et la forme du cordon. Fan [19] présentent un modèle *2D* du bain en ajoutant un flux thermique et des forces provenant de l'arc calculé par un modèle multiphysique validé ; ils obtiennent des résultats en bon accord avec l'expérience.

1.4 Simulation numérique d'un écoulement incompressible à interface mobile

Introduction

D'un point de vue numérique, dans un écoulement avec interface mobile, un fort couplage existe entre l'écoulement du fluide et la position de l'interface. Celle-ci évolue sous l'influence de l'écoulement et en retour celle-ci affecte le comportement de l'écoulement. Pour pallier à cette difficulté, des méthodes ont été développées afin de gérer la présence d'une interface mobile ; on peut citer les travaux de W. Shyy [75] et de T.J.R. Hughes [38].

Dans cette section, nous présentons les principaux travaux de recherche concernant les méthodes permettant de résoudre un écoulement avec une interface mobile.

1.4.1 L'écoulement avec l'interface mobile

Plusieurs techniques sont déjà développées pour prendre en compte la présence d'une interface mobile dans un écoulement, chacune avec ses avantages et ses inconvénients [75]. Elles peuvent être classées en trois catégories : l'approche *Eulérienne*, l'approche *Lagrangienne* et l'approche mixte *Euléro-Lagrangienne*.

1.4 Simulation numérique d'un écoulement incompressible à interface mobile

1.4.1.1 L'approche Eulérienne

Cette méthode considère une description Eulérienne de l'écoulement à interface mobile. Les noeuds du maillage sont fixés au cours du temps et les particules du fluide traversent les différents éléments du maillage. La position de l'interface est reconstruite à partir de la position de marqueurs transportés par l'écoulement. Ainsi, on résout l'écoulement sur tout le domaine de calcul et ceci implique la présence de deux fluides non miscibles séparés par une interface.

La plus ancienne de ces méthodes est la MAC (Marker And Cell) proposée par Harlow et Welch [31]. Les marqueurs se présentent sous la forme de particules sans masse qui sont transportées par l'écoulement au travers du maillage. La plus connue et la plus utilisée de ces méthodes est la méthode VOF (Volume Of Fluid) de Hirt et Nichlos [32]. Elle s'appuie sur une fonction scalaire F discontinue qui vaut 1 en tout point occupé par le fluide A et 0 en tout point occupé par le fluide B. L'évolution du champ scalaire est régie par une équation de transport :

$$\frac{\partial F}{\partial t} + \mathbf{v} \cdot \nabla F = 0 \qquad (1.14)$$

La littérature est très abondante concernant les applications de la méthode VOF. La méthode *level set*, décrite par Osher et Setian [65], est aussi souvent utilisée dans la littérature, elle est basée sur l'utilisation d'une fonction définissant la distance à l'interface. Dans le domaine des éléments finis, on trouve aussi la méthode de la pseudo-concentration décrite initialement par Thompson [83] qui est l'équivalent de la méthode *level set*. Cette méthode est largement utilisée, on peut citer les travaux de Medale [56, 57, 58] sur le remplissage d'un moule de fonderie et sur l'étude du soudage par faisceau d'électrons.

L'approche *Eulérienne* présente de nombreux avantages. Elle permet de considérer des topologies d'interfaces complexes et offre de plus la possibilité de traiter des phénomènes physiques impliquant l'interface, tels que la coalescence et les ruptures d'interfaces.

1.4.1.2 Approche *Lagrangienne*

Dans cette approche, chaque noeud du maillage est assujetti à un point matériel et se déplace avec ce point. Le maillage se déforme donc au cours du temps et chacun de ses éléments contient toujours le même matériau. Il

1.4 Simulation numérique d'un écoulement incompressible à interface mobile

en résulte une localisation précise de l'interface, celle-ci étant confondue avec une des lignes du maillage. De plus, cette approche induit une absence des termes non linéaires de convection qui nécessitent des maillages fins ou des techniques spécifiques de résolution. Lorsque le milieu subit de fortes déformations, ce type d'approche conduit à une topologie singulière du maillage causée par une distorsion excessive des éléments. Il est alors nécessaire d'utiliser des techniques de remaillage du domaine de calcul. On peut citer les travaux de Fyfe [20] sur les oscillations d'une goutte et les travaux de Muttin [62] sur le remplissage de moule.

1.4.1.3 Approche mixte *Euléro-Lagrangienne*

L'approche ALE est basée sur l'utilisation d'un maillage mobile partiellement indépendant des particules du fluide. Le maillage est globalement Lagrangien, au sens ou il est nécessaire que sa frontière suive la surface du domaine occupé par le fluide, mais une liberté de choix sur le mouvement des noeuds internes est introduite, la dérivation s'écrit :

$$\frac{Df}{Dt} = \frac{\partial f}{\partial t} + (\mathbf{v} - \mathbf{w}) \cdot \nabla f \qquad (1.15)$$

ou $\mathbf{v}$ represente la vitesse du fluide par rapport au repère de référence et $\mathbf{w}$ la vitesse du maillage par rapport au repère de référence.
Cette approche combine les meilleurs aspects des approches *Lagrangienne* et *Eulérienne*. Néanmoins, dans le cas où les déformations du maillage sont importantes, il peut être nécessaire d'utiliser des techniques de remaillage. La description initiale de la méthodologie ALE est due à Hirt [34]. Dans le cadre de la méthode des éléments finis et concernant la simulation des écoulements incompressibles à surface libre, le premier travail est celui de Hughes [38] qui décrit l'application d'un modèle ALE à l'étude de la propagation d'ondes à la surface d'un fluide. Dans un autre domaine d'application, l'article de Gaston [21] présente l'utilisation d'un modèle ALE à l'étude du remplissage de moule.

Conclusions du chapitre 1 : choix du modèle pour satisfaire l'application industrielle

À partir de cette étude bibliographique, il ressort qu'un modèle bidimensionnel axisymétrique arc-bain permet de bien représenter certains des

1.4 Simulation numérique d'un écoulement incompressible à interface mobile

phénomènes physiques du soudage à l'arc. M. Brochard [5] a développé un tel modèle dont les résultats ont été confrontés à des essais expérimentaux. Bien que la forme du bain simulée soit proche de celle de l'expérience, la prédiction sur la pénétration du bain fondu est limitée pour les hautes énergies. Une raison avancée par l'auteur est de n'avoir pas pris en compte la déformation de la surface libre, ce qui limite la bonne prise en compte de la pression d'arc. D'autre part, pour être représentatif d'une application industrielle avec torche mobile, il est indispensable de calculer l'écoulement dans le bain fondu dans une configuration tridimensionnelle. Dans le cadre de ce travail, nous proposons donc de développer un modèle thermohydraulique *3D* avec torche mobile et prise en compte de la surface déformée du bain fondu. Le modèle retenu est traité en régime stationnaire et les interactions entre l'arc et le bain ne sont pas considérées car actuellement il n'a pas été démontré l'intérêt d'un tel couplage dans des situations tridimensionnelles. Il y aura donc un modèle pour le bain fondu (*3D*) et un modèle pour l'arc (*2D* axisymétrique). Ce modèle est une contribution à un modèle plus complet qui intègrera plus tard notamment l'apport de matière.

Pour l'arc nous utilisons donc le modèle couplé cathode-plasma-anode en *2D* axisymétrique de M. Brochard [5]. Ce modèle fournira les données d'entrées nécessaires au calcul *3D* pour le bain fondu à savoir la pression d'arc, les forces de cisaillement aérodynamique et le flux de chaleur. La densité de courant ne sera pas utilisée car le modèle fluide de bain fondu retenu ne prendra pas en compte les forces de Lorentz pour cette première approche. Ces données issues d'un modèle *2D* axisymétrique seront extrapolées en *3D* par symétrie de révolution autour de l'axe central de l'électrode de soudage. Cette hypothèse suppose que le déplacement de la torche de soudage laisse ces distributions invariantes par translation, nous en donnerons la justification dans le paragraphe 4.1.2.2. Pour résumé la modélisation du bain fondu choisie on considère les éléments suivants :

— le système est modélisé en trois dimensions,
— l'existence d'un régime stationnaire est supposée,
— le métal liquide est considéré comme un fluide *Newtonien*, laminaire et incompressible,
— on se place dans l'hypothèse de Boussinesq,
— la surface du bain fondu est supposée déformable,
— le rayonnement et la convection de la pièce à souder sont pris en

1.4 Simulation numérique d'un écoulement incompressible à interface mobile

compte,
— le gradient de tension de surface est pris dépendant de la quantité initiale en souffre de la pièce,
— l'effet *Marangoni*, la force de flottabilité et la force du cisaillement sont pris en compte dans cette première approche tridimensionnelle, mais pas la force électromagnétique.

Chapitre 2

Modèles numériques

Sommaire

Objectifs du chapitre 2	32
2.1 Modèle hydrodynamique : jet d'air impactant une surface d'eau . .	34
2.1.1 Contexte	34
2.1.2 Description physique du cas et principales hypothèses	34
2.1.3 Équations du modèle	36
2.1.4 Algorithme de résolution	39
2.1.5 Discrétisation des équations	40
2.1.6 Méthode de déplacement du maillage	42
2.1.7 Solution des sous-problèmes	44
2.2 Modèle thermohydrodynamique : bain de soudage à l'arc TIG avec surface libre	45
2.2.1 Contexte	45
2.2.2 Description physique du cas et principales hypothèses	45
2.2.3 Équations du modèle	48
2.2.4 Algorithme de résolution	50
2.2.5 Discrétisation des équations	55
Conclusions du chapitre 2	56

Objectifs du chapitre 2

Les objectifs de ce chapitre sont de présenter les modèles numériques qui ont été utilisés dans le cadre de cette thèse. L'implémentation proprement dite de ces modèles a été réalisée dans le logiciel de calcul par éléments finis Cast3M [6]. Cette thèse fait suite à la thèse de Michel Brochard [5] et à différents travaux de modélisation antérieurs qui ont été effectués dans le cadre du projet MUSICA et rassemblés dans l'outil logiciel WPROCESS V2 [1].

Les modèles dont nous disposions au début de cette thèse sont :

Brochard [5] Modèle couplé magnétohydrodynamique arc-bain *2D* axisymétrique stationnaire à surface fixe capable de simuler de manière fine un cas TIG SPOT ;

Gounand [25] Modèle *3D* magnétohydrodynamique stationnaire de bain de soudage à surface fixe permettant de simuler un soudage rectiligne uniforme (ligne de fusion) sur des cas d'intérêt industriel comme un soudage en té ;

Gounand [24] Des développements multiphysiques initiés dans Cast3M en vue de prendre en compte la surface libre, notamment le calcul des forces de tension de surface et une méthodologie robuste de bougé de maillage.

Du fait de ce travail existant, nous avons repris des choix effectués sur les méthodes numériques :

— le choix de nous intéresser à des solutions *stationnaires* des écoulements fluides ;

— le choix d'utiliser une méthode de type *front tracking* (suivi d'interface) où la surface est explicitement représentée. Ici, elle correspondra à une frontière ou à une ligne interne du maillage.

Le choix de s'intéresser à des solutions stationnaires est dicté par des considérations physiques, à savoir que l'industriel souhaite généralement que son processus de soudage soit tel que le résultat obtenu soit uniforme le long de la soudure [1] mais aussi par des considérations numériques : nous espérons pouvoir obtenir un algorithme convergeant rapidement lorsqu'un régime stationnaire existe afin d'autoriser des études paramétriques par plan d'expériences. Un présupposé est également effectué concernant le fait que, si un algorithme numérique fonctionne bien pour résoudre un problème stationnaire, il pourra s'étendre facilement au cas instationnaire.

Le choix d'utiliser une méthode de type suivi d'interface a été, lui, dicté par la volonté de discrétiser précisément les phénomènes de tension de surface. En effet, ceux-ci sont supposés jouer un rôle déterminant sur la forme de la surface libre et sont une des forces motrices de l'écoulement fluide par le biais de l'effet *Marangoni* (force de cisaillement en surface libre due à la variation du coefficient de tension superficielle avec la température).

---

1. Nous écartons pour l'instant les régimes pulsés, plus complexes à modéliser, surtout avec prise en compte d'une surface libre.

2.1 Modèle hydrodynamique : jet d'air impactant une surface d'eau

Ce choix du suivi d'interface est également lié au précédent (stationnarité) en ce sens que la méthode choisie est bien adaptée pour résoudre des problèmes d'équilibre avec capillarité « simples », type équilibre statique d'une goutte.

Le but de cette thèse est de réaliser et de valider un modèle multiphysique *3D* réaliste du soudage à l'arc TIG, en mettant l'accent sur la partie bain de soudage et en particulier sur la déformation de sa surface libre. Comme un tel modèle fait intervenir de nombreux phénomènes physiques, sa validation peut s'avérer délicate.

C'est pourquoi nous avons choisi de construire un modèle intermédiaire prenant en compte uniquement l'aspect *hydrodynamique à surface libre*. La configuration choisie et modélisée est *2D* axisymétrique : il s'agit de l'impact d'un jet d'air sur une surface d'eau. C'est ce modèle que nous décrivons en section 2.1.

Le modèle *thermohydraulique à surface libre* que nous avons construit ensuite afin d'être représentatif du soudage à l'arc TIG est présenté en section 2.2. La configuration choisie et modélisée est celle d'une ligne de fusion *3D*.

Ce découpage nous permettra également de mettre l'accent sur :
— le calcul de la *surface libre* et le bougé du maillage en section 2.1 ;
— le *changement de phase solide-liquide* géré par une méthode enthalpique en section 2.2.

En effet, la gestion de la surface libre est présente dans le deuxième modèle, mais se fait de façon quasiment identique au premier modèle.

2.1 Modèle hydrodynamique : jet d'air impactant une surface d'eau

2.1.1 Contexte

L'article de référence concernant les méthodes numériques utilisées pour les écoulements stationnaires avec capillarité est l'article de revue de Cuvelier et Schulkes [10].

2.1.2 Description physique du cas et principales hypothèses

Le cas que nous allons considérer est celui d'un jet d'air à débit constant impactant une surface d'eau (figure 2.1). Les paramètres d'entrée de ce

2.1 Modèle hydrodynamique : jet d'air impactant une surface d'eau

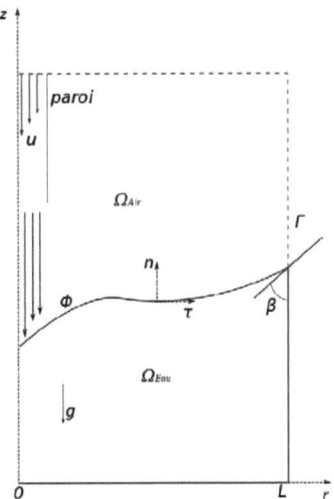

FIGURE 2.1 – Configuration : jet d'air impactant une surface d'eau.

2.1 Modèle hydrodynamique : jet d'air impactant une surface d'eau

modèle sont :
— le débit d'air q_{air} imposé en entrée de la buse ;
— le diamètre de la buse D_{buse} ;
— la hauteur de la buse h_{buse} par rapport à la surface d'eau non déformée.

Le paramètre de sortie du modèle est :
— la forme de la surface, que l'on suppose pouvoir être représentée par une fonction $z_{ae}(r)$, caractérisant la différence de hauteur entre la surface déformée par le jet et la surface au repos.

On suppose les autres paramètres géométriques (hauteur d'eau, taille de la cuve d'eau) très grands devant D_{buse}, de sorte que leur influence soit négligeable sur la forme de la surface obtenue. Le modèle fournit également beaucoup d'autres informations, telles que les champs locaux de vitesses et de pression dans les deux phases mais celles-ci seront peu exploitées dans le cadre de cette thèse.

Les principales hypothèses effectuées sont :
— les écoulements cherchés sont *2D* axisymétriques ;
— on cherche des écoulements stationnaires (pas de dépendance en temps des variables du problème) ;
— les écoulements considérés sont isothermes ;
— les fluides en présence (air et eau) sont considérés comme *Newtoniens* et incompressibles ;
— la gravité n'est pas prise en compte dans l'air ;
— les propriétés physiques des fluides (viscosité, masse volumique) sont supposées constantes.

2.1.3 Équations du modèle

Les inconnues choisies pour écrire les équations sont les suivantes :
— v_{eau}, la vitesse dans la phase eau ;
— p_{eau}, la pression dans la phase eau ;
— v_{air}, la vitesse dans la phase air ;
— p_{air}, la pression dans la phase air ;
— z_{ae}, la position verticale de l'interface air-eau.

Écrivons les équations de conservation de la masse et de la quantité de mouvement pour les deux milieux en stationnaire, ainsi que les conditions aux limites associées :

2.1 Modèle hydrodynamique : jet d'air impactant une surface d'eau

Conservation de la quantité de mouvement pour l'air

$$\rho_{\text{air}} \left(\boldsymbol{\nabla} v_{\text{air}}\right) \cdot v_{\text{air}} = -\nabla p_{\text{air}} + \nabla \cdot \mu_{\text{air}} \left[\boldsymbol{\nabla} v_{\text{air}} + \boldsymbol{\nabla}^t v_{\text{air}}\right] \quad (2.1)$$

Conservation de la masse pour l'air

$$\nabla \cdot v_{\text{air}} = 0 \quad (2.2)$$

avec les conditions aux limites sur toutes les frontières exceptée l'interface libre :
— soit de vitesse imposée (Dirichlet) :

$$v_{\text{air}} = v_0 \quad \text{sur } \Gamma_{v_{\text{air}}}^{\text{Dirichlet}} \quad (2.3)$$

— soit de force nulle imposée (Neumann homogène) :

$$\boldsymbol{f}_{\text{air}} = -p_{\text{air}} \boldsymbol{n} + \mu_{\text{air}} \left[\boldsymbol{\nabla} v_{\text{air}} + \boldsymbol{\nabla}^t v_{\text{air}}\right] \cdot \boldsymbol{n} = 0 \quad \text{sur } \Gamma_{v_{\text{air}}}^{\text{Neumann}} \quad (2.4)$$

Conservation de la quantité de mouvement pour l'eau

$$\rho_{\text{eau}} \left(\boldsymbol{\nabla} v_{\text{eau}}\right) \cdot v_{\text{eau}} = -\nabla p_{\text{eau}} + \rho_{\text{eau}} \boldsymbol{g} + \nabla \cdot \mu_{\text{eau}} \left[\boldsymbol{\nabla} v_{\text{eau}} + \boldsymbol{\nabla}^t v_{\text{eau}}\right] \quad (2.5)$$

Conservation de la masse pour l'eau

$$\nabla \cdot v_{\text{eau}} = 0 \quad (2.6)$$

avec les conditions aux limites sur toutes les frontières exceptée l'interface libre :
— soit de vitesse imposée (Dirichlet) :

$$v_{\text{eau}} = v_0 \quad \text{sur } \Gamma_{v_{\text{eau}}}^{\text{Dirichlet}} \quad (2.7)$$

— soit de force nulle imposée (Neumann homogène) :

$$\boldsymbol{f}_{\text{eau}} = -\tilde{p}_{\text{eau}} \boldsymbol{n} + \mu_{\text{eau}} \left[\boldsymbol{\nabla} v_{\text{eau}} + \boldsymbol{\nabla}^t v_{\text{eau}}\right] \boldsymbol{n} = 0 \quad \text{sur } \Gamma_{v_{\text{eau}}}^{\text{Neumann}} \quad (2.8)$$

où l'on a introduit une pression hydrostatique pour l'eau :

$$\tilde{p}_{\text{eau}} = p_{\text{eau}} + \rho_{\text{eau}} g z \quad (2.9)$$

Ceci permet également de faire disparaître le terme volumique $\rho_{\text{eau}} \boldsymbol{g}$ dans (2.5) mais, par contre, le potentiel $\rho_{\text{eau}} g z$ réapparaît dans le bilan des forces sur la surface Γ_{ae} (voir équation (2.10)).

À noter que les conditions aux limites de vitesse ou de force imposées peuvent s'entendre par direction (cf. [26]). Par exemple, sur l'axe de symétrie $\Gamma_{\text{Symétrie}}$, on a une condition de vitesse nulle (Dirichlet) dans la direction r et de force nulle dans la direction z.

2.1 Modèle hydrodynamique : jet d'air impactant une surface d'eau

Bilan des forces sur la surface libre Γ_{ae}

$$-\tilde{p}_{eau}\boldsymbol{n} + \rho_{eau}g z_{ae}\boldsymbol{n} + \mu_{eau}\left[\boldsymbol{\nabla} v_{eau} + \boldsymbol{\nabla}^t v_{eau}\right]\cdot\boldsymbol{n} =$$
$$\frac{\gamma_{ae}}{2R(z_{ae})}\boldsymbol{n} - p_{air}\boldsymbol{n} + \lambda_V\boldsymbol{n} + \mu_{air}\left[\boldsymbol{\nabla} v_{air} + \boldsymbol{\nabla}^t v_{air}\right]\cdot\boldsymbol{n} \quad (2.10)$$

avec les conditions aux limites sur les points extrêmes de la surface libre :
— soit de position imposée (Dirichlet) :

$$z_{ae} = z_0 \quad (2.11)$$

— soit d'angle de contact imposé perpendiculaire à une paroi solide ou à l'axe de symétrie (Neumann homogène) :

$$\beta = \frac{\pi}{2} \quad (2.12)$$

Ici, $\boldsymbol{n}$ est un vecteur unitaire normal dirigé arbitrairement de la phase eau vers la phase air, γ_{ae} est le coefficient de tension superficielle, R est le rayon de courbure local, qui peut s'exprimer à partir de la forme de la surface $z_{ae}(r)$ et λ_V est un multiplicateur de Lagrange lié à une contrainte de conservation du volume (voir ci-après).

À ces équations de conservation, il faut ajouter :

Continuité des vitesses à l'interface Γ_{ae}

$$v_{eau} = v_{air} \quad (2.13)$$

Condition cinématique à l'interface [2] Γ_{ae}

$$v_{eau}\cdot\boldsymbol{n} = 0 \quad (2.14)$$

Cette condition caractérise le fait que l'interface est imperméable aux deux phases en présence ;

Conservation géométrique du volume des phases [3]

$$V_{eau} = V_{eau0} \quad (2.15)$$

où V_{eau0} est le volume de la phase eau modélisé. Cette contrainte fait apparaître le multiplicateur de Lagrange scalaire λ_V dans le bilan des forces en surface (2.10). Physiquement, λ_V est homogène à une pression et peut être considéré comme un niveau de pression moyen dans la phase eau. Il peut également être absorbé dans p_{eau}.

2.1 Modèle hydrodynamique : jet d'air impactant une surface d'eau

Dans le cas particulier du jet d'air impactant la surface d'eau, nous avons spécifié les conditions aux limites dynamiques suivantes :

Axe de symétrie $(v_{\text{air}})_r = (v_{\text{eau}})_r = 0$ et $(\boldsymbol{f}_{\text{air}})_z = (\boldsymbol{f}_{\text{eau}})_z = 0$

Entrée de buse $(v_{\text{air}})_r = 0$ et $(v_{\text{air}})_z = \frac{-8q_{\text{air}}}{\pi D_{\text{buse}}}\left[1 - \left(\frac{2r}{D_{\text{buse}}}\right)^2\right]$

Paroi de buse $v_{\text{air}} = 0$

Autres frontières hors surface libre $\boldsymbol{f}_{\text{air}} = \boldsymbol{f}_{\text{eau}} = 0$

Pour ce qui est de l'angle de contact β, on laisse faire la condition à la limite naturelle (Neumann) de perpendicularité à l'intersection de la surface avec l'axe et avec le bord droit du domaine.

2.1.4 Algorithme de résolution

Afin de résoudre le problème stationnaire d'écoulement à surface libre de la section précédente, de nombreuses méthodes sont possibles. L'article qui nous a servi de référence est l'article de revue de Cuvelier et Schulkes [10]. Il mentionne plusieurs de ces méthodes. La méthode que nous allons utiliser est appelée par ces auteurs : *trial method*.

Le principe de cette méthode part de l'observation suivante : sur la surface libre, deux conditions aux limites s'appliquent simultanément dans la direction normale à la surface :

— une condition de type Neumann qui est la partie normale du bilan des forces surfaciques (2.10) :

$$- p_{\text{eau}} + \mu_{\text{eau}}\left(\left[\boldsymbol{\nabla} v_{\text{eau}} + \boldsymbol{\nabla}^t v_{\text{eau}}\right]\cdot\boldsymbol{n}\right)\cdot\boldsymbol{n} =$$
$$\frac{\gamma_{\text{ae}}}{2R(z_{\text{ae}})} - p_{\text{air}} + \lambda_V + \mu_{\text{air}}\left(\left[\boldsymbol{\nabla} v_{\text{air}} + \boldsymbol{\nabla}^t v_{\text{air}}\right]\cdot\boldsymbol{n}\right)\cdot\boldsymbol{n} \quad (2.16)$$

— une condition de type Dirichlet qui est la condition cinématique (2.14). Dans un problème d'écoulement à surface fixe, une seule de ces conditions serait nécessaire. Dans le problème d'écoulement à surface libre, ces deux conditions sont nécessaires afin de déterminer l'inconnue supplémentaire z_{ae}, position de la surface.

La *trial method* est une méthode de découplage qui procède, partant d'une solution initiale $(v_{\text{eau}}^i, p_{\text{eau}}^i, v_{\text{air}}^i, p_{\text{air}}^i, z_{\text{ae}}^i)$, de la façon suivante :

1. Résolution d'un problème à surface fixe (z_{ae}^i constant) en ne prenant en compte qu'une des deux conditions (2.16) ou (2.14). Ceci donne une nouvelle estimation des variables vitesse-pression $(v_{\text{eau}}^{i+1}, p_{\text{eau}}^{i+1}, v_{\text{air}}^{i+1}, p_{\text{air}}^{i+1})$.

2.1 Modèle hydrodynamique : jet d'air impactant une surface d'eau

2. Estimation d'une nouvelle position de l'interface z_{ae}^{i+1} à l'aide de la condition à la limite ignorée à l'étape précédente. À cette étape, les variables vitesse-pression sont fixées.
3. À partir de la nouvelle position de la surface z_{ae}^{i+1}, il convient, soit de déplacer les points du maillage existant, soit de remailler. Une étape de projection des variables vitesse-pression sur le nouveau maillage peut également être envisagée.
4. Itérer sur les étapes précédentes jusqu'à convergence.

Dans notre cas, nous garderons la condition cinématique (2.14) à l'étape 1. À l'étape 2, le bilan des forces normales à l'interface, vu comme une équation aux dérivées partielles sur l'inconnue z_{ae}, les autres inconnues étant fixées. En ce qui concerne l'étape 3, nous avons choisi de déplacer les points du maillage existant sans procéder à une étape de projection des variables vitesse-pression. Nous détaillons la procédure choisie en section 2.1.6.

2.1.5 Discrétisation des équations

Afin de discrétiser les équations données en section 2.1.3, nous allons utiliser la méthode des éléments finis. Des ouvrages de référence en français sur cette méthode sont les livres de Dhatt et Touzot [14] et Ern et Guermond [16]. Pour une introduction à cette méthode appliquée à la mécanique des fluides incompressibles, on peut également consulter le polycopié de cours de Gounand [26].

2.1.5.1 Formulation faible

La discrétisation par éléments finis des équations de bilan repose sur la formulation faible associée à ces équations. Un des avantages de cette formulation faible est que les conditions aux limites de Neumann homogène associées à chaque équation de bilan sont automatiquement prises en compte. Afin de ne pas alourdir la présentation, nous écrivons ci-dessous la formulation faible associée aux équations de conservation *après* intégration par parties des termes suivants :

— les gradients de pression ;
— les termes diffusifs ;
— le terme de tension de surface.

2.1 Modèle hydrodynamique : jet d'air impactant une surface d'eau

La formulation faible du problème complet à surface libre s'écrit :

$$\int_{\Omega_{air}} \rho_{air} \left(\boldsymbol{\nabla} \boldsymbol{v}_{air}\right) \cdot \boldsymbol{v}_{air} \mathcal{N}_v \, d\Omega_{air} + \int_{\Omega_{air}} \mu_{air} \left[\boldsymbol{\nabla} \boldsymbol{v}_{air} + \boldsymbol{\nabla}^t \boldsymbol{v}_{air}\right] : \boldsymbol{\nabla} \mathcal{N}_v \, d\Omega_{air}$$

$$- \int_{\Omega_{air}} p_{air} \nabla \cdot \mathcal{N}_v \, d\Omega_{air} - \int_{\Omega_{air}} \nabla \cdot \boldsymbol{v}_{air} \mathcal{N}_p \, d\Omega_{air}$$

$$\int_{\Omega_{eau}} \rho_{eau} \left(\boldsymbol{\nabla} \boldsymbol{v}_{eau}\right) \boldsymbol{v}_{eau} \mathcal{N}_v \, d\Omega_{eau} + \int_{\Omega_{eau}} \mu_{eau} \left[\boldsymbol{\nabla} \boldsymbol{v}_{eau} + \boldsymbol{\nabla}^t \boldsymbol{v}_{eau}\right] : \boldsymbol{\nabla} \mathcal{N}_v \, d\Omega_{eau}$$

$$- \int_{\Omega_{eau}} \tilde{p}_{eau} \nabla \cdot \mathcal{N}_v \, d\Omega_{eau} - \int_{\Omega_{eau}} \nabla \cdot \boldsymbol{v}_{eau} \mathcal{N}_p \, d\Omega_{eau}$$

$$+ \int_{\Gamma_{ae}} \gamma_{ae} \nabla_s \cdot \mathcal{N}_v \, d\Gamma_{ae} - \int_{\Gamma_{ae}} (\rho_{eau} gz\boldsymbol{n}) \cdot \mathcal{N}_v \, d\Gamma_{ae} + \int_{\Gamma_{ae}} (\lambda_V \boldsymbol{n}) \cdot \mathcal{N}_v \, d\Gamma_{ae}$$

$$+ \left[V_{eau} - V_{eau0}\right] \mu_V$$

$$+ \int_{\Gamma_{ae}} \boldsymbol{v}_{eau} \cdot \boldsymbol{n} \mathcal{N}_{z_{ae}} \, d\Gamma_{ae}$$

$$= 0 \quad \forall \left(\mathcal{N}_v, \mathcal{N}_p, \mu_V, \mathcal{N}_{z_{ae}}\right) \quad (2.17)$$

où $\mathcal{N}_v, \mathcal{N}_p, \mathcal{N}_{z_{ae}}$ sont les fonctions tests pour la vitesse, la pression et la position de l'interface et μ_V un scalaire. $\mathcal{N}_v$ s'annule là où des conditions de Dirichlet sur la vitesse sont imposées.

Nous n'avons pas distingué les fonctions tests pour les vitesses $\mathcal{N}_v$ entre l'air et l'eau du fait de la continuité des vitesse à l'interface (2.13). Aussi, nous n'avons pas distingué les fonctions tests pour les pressions $\mathcal{N}_p$ entre l'air et l'eau. La raison est que nous choisirons des espaces discrets discontinus pour les pressions.

Le fait que c'est bien la condition à la limite "redondante" $\boldsymbol{v}_{eau} \boldsymbol{n} = 0$ qui permet de déterminer la position de la surface se traduit dans la formulation par le fait que cette condition est multipliée par la fonction test associée à la position de la surface $\mathcal{N}_{z_{ae}}$.

Terme de tension de surface Dans la formulation faible ci-dessus, on remarque que le terme de tension de surface intégré par parties s'écrit : $\int_{\Gamma_{ae}} \gamma_{ae} \nabla_s \cdot \mathcal{N}_v \, d\Gamma_{ae}$ où $\nabla \cdot$ représente l'opérateur divergence surfacique. Les avantages de cette intégration par parties sont multiples :
— elle diminue la régularité nécessaire sur la représentation de la géométrie qui peut n'être que continue, dérivable par morceaux (voir [76] pour une référence récente) ;

2.1 Modèle hydrodynamique : jet d'air impactant une surface d'eau

— elle permet la prise en compte des conditions d'angle de contact de manière naturelle (ce point est également discuté dans [76]) ;
— elle intègre automatiquement le terme *Marangoni* $\frac{\partial \gamma}{\partial T} \nabla_s T$ lorsque γ est variable en espace [3].

Nous ne nous servons pas de cette dernière propriété dans cette partie puisque γ_{ae} est une constante pour le modèle de cette section, mais elle servira dans le modèle de soudage de la section 2.2.

Espace d'éléments finis Afin de discrétiser la formulation faible (2.17), nous avons choisi les espaces d'éléments finis suivants :
— $\mathbb{P}_2^+$ (triangle) ou $\mathbb{Q}_2$ (quadrangle) pour les vitesses v_{air} et v_{eau} ;
— $\mathbb{P}_1^{disc}$ (triangle et quadrangle) pour les pressions p_{air} et p_{eau} ;
— $\mathbb{P}_2$ (segment) pour la position de la surface z_{ae}.

Le couple d'espaces choisi pour les vitesses et les pressions permet d'avoir la stabilité (et donc la convergence) du problème discret pour le problème de Stokes [16]. Le choix de l'espace $\mathbb{P}_2$ pour z_{ae} découle du choix des espaces pour les vitesses. En effet, l'espace pour z_{ae} doit être égal à la trace de l'espace pour la vitesse car ceux-ci sont liés, en particulier par la condition cinématique faible $\int_{\Gamma_{ae}} v_{eau} \cdot n \mathcal{N}_{z_{ae}} \, d\Gamma_{ae}$. De plus, le choix d'une interpolation quadratique pour la forme de la surface permet de représenter celle-ci assez précisément avec peu de mailles, ainsi que de calculer une bonne approximation de la force de tension de surface.

2.1.6 Méthode de déplacement du maillage

En ce qui concerne la position de la surface libre, nous avons considéré qu'elle pouvait être décrite par une fonction altitude $z_{ae}(r)$. Une fois discrétisée, la surface libre est décrite par la position des nœuds de son maillage. Dans le cadre de cette thèse, nous ne considérerons que des déplacements verticaux δz_{ae} des nœuds de la surface libre par souci de simplicité et de robustesse. Ces déplacements verticaux nous sont donnés à l'étape 2 de la *trial method* où nous estimons la nouvelle position de l'interface z_{ae}^{i+1}.

2.1.6.1 Méthode variationnelle de bougé du maillage

Une fois les déplacements verticaux δz_{ae} des nœuds de la surface obtenus, il nous reste à déplacer les autres nœuds du maillage. Pour ce faire, nous utilisons une méthode de régularisation et d'adaptation de maillage

2.1 Modèle hydrodynamique : jet d'air impactant une surface d'eau

due à Huang [37] et implémentée dans Cast3M par Gounand [25]. Le principe de cette méthode est le suivant : à chaque élément Ω_k du maillage on associe une énergie calculée comme suit :

$$E_k^{\text{Huang}} = E_{k1}^{\text{Huang}} + E_{k2}^{\text{Huang}} \quad (2.18)$$

avec :

$$E_{k1}^{\text{Huang}} = \frac{\theta_{\text{H}}}{2} \int_{\Omega_k} \left[\text{tr}\left[\left(\mathsf{G}^t \mathsf{M} \mathsf{G} \right)^{-1} \right] \right]^{\frac{n\gamma_{\text{H}}}{2}} \sqrt{\det \mathsf{M}} \, \mathrm{d}\Omega_k \quad (2.19)$$

et

$$E_{k2}^{\text{Huang}} = (1 - \theta_{\text{H}}) \, n^{\frac{n\gamma_{\text{H}}}{2}} \int_{\Omega_k} \left[\sqrt{\det \mathsf{G}^t \mathsf{M} \mathsf{G}} \right]^{\frac{1-\gamma_{\text{H}}}{2}} \mathrm{d}\Omega_k \quad (2.20)$$

où G est la matrice jacobienne de la transformation géométrique entre un élément de référence régulier et l'élément Ω_k, M est un tenseur métrique cible [4] (taille voulue dans chaque direction d'espace pour l'élément), n la dimension de l'espace et γ_{H} un paramètre de norme de la méthode, ici choisi égal à 2.

La première partie de l'énergie E_{k1}^{Huang} (énergie harmonique) contrôle la *régularité* de l'élément. La deuxième partie de l'énergie E_{k2}^{Huang} contrôle l'*équidistribution* (le volume) de l'élément. Le paramètre θ_{H} permet de donner un poids relatif entre ces deux contributions, nous avons choisi $\theta_{\text{H}} = 0.5$. Une propriété importante est que l'énergie E_k^{Huang} ainsi définie tend vers $+\infty$ lorsque l'élément dégénère c'est-à-dire lorsque G devient singulière.

La méthode complète définit une énergie globale de maillage en sommant les contributions élémentaires E_k^{Huang}. La minimisation de cette énergie globale avec les conditions de déplacement imposé δz_{ae} (Dirichlet) des nœuds de la surface nous donne un déplacement optimal des nœuds internes, au sens de cette énergie globale.

2.1.6.2 Intérêts de la méthode et application

Les avantages de cette méthode sont les suivants :
— elle admet en général une solution unique telle que les éléments du maillage sont non dégénérés ;

---

[4]. Ici, nous n'avons pas cherché à adapter le maillage, nous nous sommes contentés de définir $\mathsf{M} = \left(\mathsf{G}_0 \mathsf{G}_0{}^t \right)^{-1}$ où G_0 est la matrice jacobienne du maillage initial, sans déformation de surface. Ainsi, l'énergie E_k^{Huang} du maillage initial est minimale et les maillages avec surface déformée restent « similaires » au maillage initial.

2.1 Modèle hydrodynamique : jet d'air impactant une surface d'eau

— elle fonctionne pour tous types et formes géométriques d'éléments finis et en toute dimension d'espace [5].

Les inconvénients de cette méthode sont les suivants :
— l'inconvénient principal est le coût car il faut résoudre un problème de type Laplacien vectoriel fortement non linéaire ;
— le fait qu'il s'agisse d'une minimisation globale peut autoriser localement quelques éléments fortement déformés ou de taille différente de celle voulue, d'autant que la topologie du maillage, pour nous, est fixée : on ne peut que déplacer les nœuds et non changer les connectivités.

Afin de s'affranchir en partie du premier inconvénient mentionné, nous avons, dans le cadre de cette thèse, considéré une simplification de la méthode de Huang en supposant que seule la coordonnée z des noeuds internes du maillage peut varier.

Ainsi, nous n'avons plus qu'un problème de Laplacien non linéaire scalaire, sur la coordonnée z, à résoudre. En pratique, nous effectuons une unique itération de la méthode de Newton et nous nous contentons d'une solution approchée du problème de déplacement des nœuds.

2.1.7 Solution des sous-problèmes

La *trial method* fait donc intervenir trois sous-problèmes non linéaires. Nous commençons par les linéariser par une méthode de type Newton incrémentale approchée. Nous discutons ce point en section 2.2.4.3 (voir aussi [26] pour une introduction). Nous ne détaillerons pas, dans le cadre de cette thèse, la linéarisation approchée particulière que nous avons choisie.

Une fois la linéarisation effectuée, nous écrivons la formulation faible similaire à celle donnée en section 2.1.5.1 et nous la discrétisons par éléments finis pour obtenir une matrice et un second membre.

La méthode de résolution du système linéaire obtenu est une méthode directe de factorisation L.U..

---

5. Pour peu que l'algorithme de résolution du problème non linéaire de minimisation de l'énergie converge.

2.2 Modèle thermohydrodynamique : bain de soudage à l'arc TIG avec surface libre

2.2.1 Contexte

Pour modéliser ce cas, nous sommes partis du jeu de données issu de la modélisation implementée dans le logiciel WPROCESS. Cette section suit également la présentation de cette modélisation effectuée dans le rapport technique [24].

Notre apport dans le cadre de cette thèse a été de rajouter le calcul du mouvement de la surface, issu du modèle hydrodynamique de la section précédente 2.1 dans le jeu de données de WPROCESS. Nous avons également apporté quelques modifications à l'algorithme non-linéaire pour en améliorer la robustesse.

2.2.2 Description physique du cas et principales hypothèses

Le cas que nous allons considérer est celui d'une ligne de fusion où la trajectoire de la torche de soudage est supposée rectiligne uniforme à vitesse v_s (figure 2.2). Les principaux paramètres d'entrée du modèle sont :
— la vitesse de soudage v_s ;
— le flux de chaleur issu de l'arc q_{arc} ;
— le flux de quantité de mouvement (forces de pression et de cisaillement) issu de l'arc f_{arc}.

En effet, contrairement à la modélisation de Brochard [5], nous n'allons pas résoudre le problème magnétohydrodynamique couplé. En particulier, les paramètres d'entrée de notre modèle ne sont pas les paramètres du procédé (intensité ou tension, hauteur d'arc, angle d'affûtage), hormis la vitesse de soudage v_s. Par contre, le modèle de Michel Brochard n'était disponible qu'en *2D* axisymétrique (configuration TIG SPOT et non ligne de fusion) sans surface libre.

Des observations expérimentales nous ont montrés que, pour les paramètres du procédé choisi, la forme de l'arc n'était pas perturbée par le défilement (cf. 4.1.2.2) et que l'hypothèse d'axisymétrie de l'arc reste en partie valide. C'est pourquoi nous utiliserons le modèle de Brochard afin de calculer au préalable les conditions aux limites thermiques et dynamiques q_{arc} et f_{arc} que nous imposerons ensuite dans notre modèle. On donne en figure 2.3, un exemple d'évolutions radiales données par le modèle de Bro-

2.2 Modèle thermohydrodynamique : bain de soudage à l'arc TIG avec surface libre

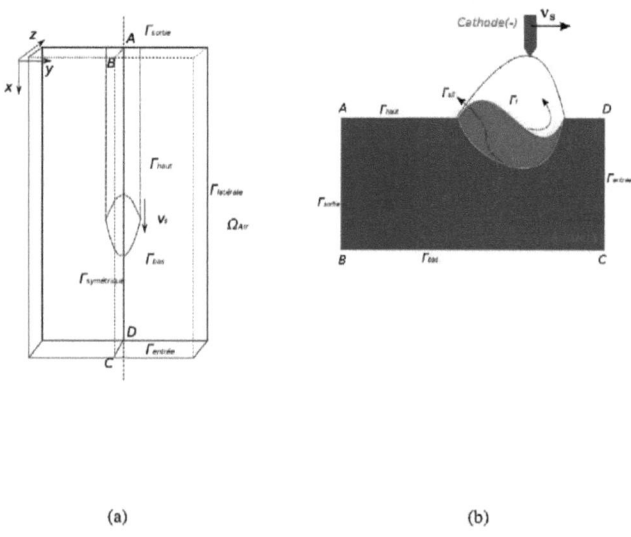

FIGURE 2.2 – Ligne de fusion avec bain de soudage *3D* à surface libre.

chard pour, respectivement, les composantes normales et tangentielles de la force exercée par l'arc sur le bain f_{arc} et du flux thermique transféré de l'arc au bain q_{arc}. Ceci revient à un *couplage faible* entre l'arc et le bain, c'est-à-dire que le bain est supposée influencer faiblement l'arc.

Les principaux paramètres de sortie du modèle sont :
— la forme du bain de soudage ;
— le champ de température T dans l'ensemble de la pièce métallique ;
— les champs hydrodynamiques, vitesse v et pression p dans le bain de soudage.

Les principales hypothèses utilisées sont les suivantes :
— on cherche une solution stationnaire (indépendante du temps) ;
— le métal liquide est considéré comme un fluide *Newtonien* ;
— on suppose que l'écoulement de métal liquide n'est pas turbulent ;
— on suppose valide l'hypothèse de Boussinesq (ρ faiblement variable) ;
— la vitesse de la source de soudage v_s est supposée constante et on se place dans un repère lié à cette source pour écrire les équations ;
— dans la phase fluide, on résout les équations de conservation de la masse, de la quantité de mouvement et de l'énergie ; dans la phase

2.2 Modèle thermohydrodynamique : bain de soudage à l'arc TIG avec surface libre

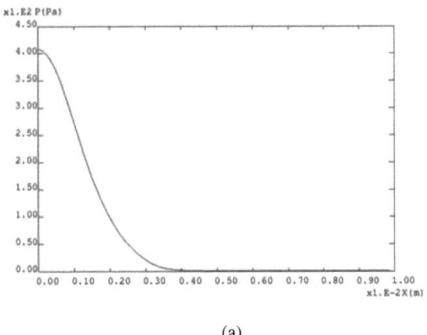

(a)

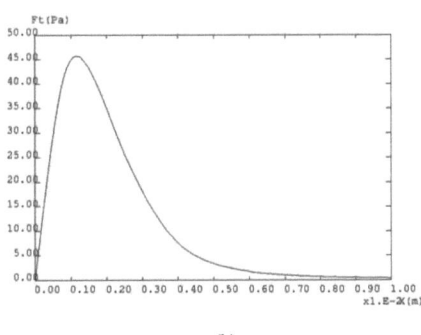

(b)

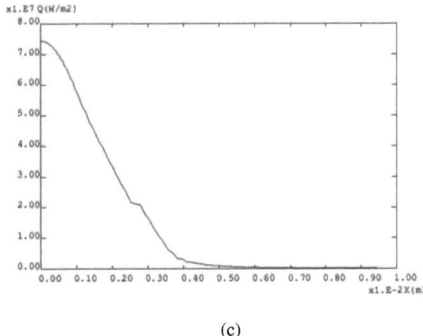

(c)

FIGURE 2.3 – Évolutions radiales de : (a) la pression d'arc $\boldsymbol{f}_{arc}\cdot\boldsymbol{n}$, (b), la force de cisaillement $\|\boldsymbol{f}_{arc} - (\boldsymbol{f}_{arc}\cdot\boldsymbol{n})\|$ et (c) du flux thermique q_{arc} transféré de l'arc au bain [5].

2.2 Modèle thermohydrodynamique : bain de soudage à l'arc TIG avec surface libre

solide, uniquement l'équation de l'énergie ;
En outre les propriétés physiques (données matériaux) de l'acier utilisé, dénommé 304L, sont variables uniquement en fonction de la température T, excepté le coefficient de tension de surface γ qui dépend également de la teneur en soufre du matériau. Afin de ne pas alourdir la présentation, nous avons regroupé les lois utilisées en annexe A.

2.2.3 Équations du modèle

Les inconnues choisies pour écrire les équations sont les suivantes :
— v, la vitesse dans la phase fluide dans le repère lié à la source ($v = 0$ dans le métal en phase solide) ;
— $\tilde{p}$, la pression hydrostatique dans la phase fluide ;
— z, l'altitude de la surface libre fluide ;
— h, l'enthalpie massique du métal considéré.

Écrivons les équations de conservation de la masse et de la quantité de mouvement pour le bain, ainsi que l'équation de conservation de l'énergie pour l'ensemble de la pièce avec les conditions aux limites associées :

Conservation de la quantité de mouvement pour le fluide

$$\rho\left(\boldsymbol{\nabla} v\right)\cdot(v - v_{\mathrm{s}}) = -\nabla\tilde{p} + \nabla\cdot\mu\left[\boldsymbol{\nabla} v + \boldsymbol{\nabla}^t v\right] + \boldsymbol{f}_{\mathrm{Bou}} + \boldsymbol{f}_{\mathrm{Ext}} \quad (2.21)$$

Conservation de la masse pour le fluide

$$\nabla\cdot v = 0 \quad (2.22)$$

avec les conditions aux limites suivantes sur toutes les frontières exceptée la surface libre :
— soit de vitesse nulle imposée (Dirichlet homogène) :

$$v = v_0 \quad \text{sur } \Gamma_v^{\mathrm{Dirichlet}} \quad (2.23)$$

— soit de force nulle imposée (Neumann homogène) :

$$-\tilde{p}\boldsymbol{n} + \mu\left[\boldsymbol{\nabla} v + \boldsymbol{\nabla}^t v\right]\cdot\boldsymbol{n} = 0 \quad \text{sur } \Gamma_v^{\mathrm{Neumann}} \quad (2.24)$$

Comme en section 2.1.3, ces conditions de vitesse ou de force imposées peuvent s'entendre par direction. Par exemple, sur la surface de symétrie $\Gamma_{\mathrm{Symétrie}}$, on a une condition de vitesse nulle (Dirichlet) dans la direction normale à cette surface et de force nulle dans les deux autres directions tangentielles.

2.2 Modèle thermohydrodynamique : bain de soudage à l'arc TIG avec surface libre

Bilan des forces sur la surface libre Γ_{Libre}

$$-\tilde{p}\boldsymbol{n} + \rho g z \boldsymbol{n} + \mu \left[\boldsymbol{\nabla} \boldsymbol{v} + \boldsymbol{\nabla}^t \boldsymbol{v}\right] \cdot \boldsymbol{n} = \frac{\gamma(T)}{R_1(z) + R_2(z)} \boldsymbol{n} + \boldsymbol{f}_{\text{Mar}}$$
$$+ \lambda_V \boldsymbol{n} + \boldsymbol{f}_{\text{arc}} \quad (2.25)$$

avec les conditions aux limites de Dirichlet sur le bord de la surface libre :

$$z = z_0 \quad (2.26)$$

avec z_0 l'altitude de la surface non déformée. Ici, $\boldsymbol{n}$ est un vecteur unitaire normal orienté arbitrairement vers l'extérieur du bain de soudage, γ est le coefficient de tension superficielle dépendant de la température T, R_1 et R_2 sont les rayons de courbure principaux, qui peuvent s'exprimer à partir de la forme de la surface $z(r)$, λ_V est un multiplicateur de Lagrange lié à une contrainte de conservation du volume, $\boldsymbol{f}_{\text{Mar}}$ la force due à l'effet *Marangoni* (voir son expression ci-après) et $\boldsymbol{f}_{\text{arc}}$ est la force exercée par l'arc sur le bain.

À ces équations de conservation, il faut ajouter :

Condition cinématique à l'interface Γ_{Libre}

$$\boldsymbol{v} \cdot \boldsymbol{n} = 0 \quad (2.27)$$

Conservation géométrique du volume de l'ensemble de la pièce

$$V_{\text{Pièce}} = V_0 \quad (2.28)$$

Cette contrainte vient du fait que l'on n'apporte pas de matière dans notre cas.

Conservation de l'énergie pour l'ensemble de la pièce

$$\rho (\boldsymbol{\nabla} h) \cdot (\boldsymbol{v} - \boldsymbol{v}_{\text{s}}) = \boldsymbol{\nabla} \cdot \lambda \nabla T \quad (2.29)$$

avec les conditions aux limites thermiques suivantes :
— enthalpie massique imposée (Dirichlet) :

$$h = h_0 \quad \text{sur } \Gamma_{\text{Entrée}}. \quad (2.30)$$

— flux thermique diffusif nul (Neumann homogène) :

$$-\lambda \nabla T \cdot \boldsymbol{n} = 0 \quad \text{sur } \Gamma_{\text{Sortie}}. \quad (2.31)$$

2.2 Modèle thermohydrodynamique : bain de soudage à l'arc TIG avec surface libre

— flux thermique diffusif imposé (Neumann inhomogène) :

$$\lambda \nabla T \cdot \boldsymbol{n} = q_{\text{Ray}} + q_{\text{Cvs}} + q_{\text{arc}} \quad \text{sur les autres faces, notées } \Gamma_{\text{Flux}}.$$
(2.32)

On note que l'enthalpie massique h et la température T sont toutes les deux présentes dans l'équation de bilan (2.29). Du fait du choix de la méthode enthalpique [46, 63], la résolution se fera sur l'inconnue h, d'où sera déduite la température T à partir de la loi de comportement $T(h)$ (cf. annexe A).

Les différentes forces et termes source qui apparaissent dans les équations sont les suivants :

Force de Boussinesq (poussée d'Archimède)

$$\boldsymbol{f}_{\text{Bou}} = \rho g \beta (T - T_{\text{ref}}) \boldsymbol{i}_z$$

Force d'extinction des vitesses Elle permet d'annuler les vitesses à l'interface solide-liquide. Plusieurs types de lois fonctions de la fraction solide sont possibles (voir par exemple Brent, Voller et Reid [4]). Celle que nous utilisons, de type pénalisation, est :

$$\boldsymbol{f}_{\text{Ext}} = -A F_s(T) \boldsymbol{v} \quad \text{avec} \quad A = 10^{12} \gg 1$$

où F_s est la fraction solide.

Force surfacique due à l'effet *Marangoni*

$$\boldsymbol{f}_{\text{Mar}} = \frac{\partial \gamma}{\partial T} \nabla_s T$$

Pertes par rayonnement en surface

$$q_{\text{Ray}} = -\epsilon \sigma \left(T^4 - T_\infty^{\;4} \right)$$

Pertes par échange convectif en surface

$$q_{\text{Cvs}} = -h_{\text{conv}} (T - T_\infty)$$

2.2.4 Algorithme de résolution

2.2.4.1 Difficultés du problème à résoudre

Le système d'équations à résoudre est un système non-linéaire. Les non-linéarités présentes sont de plusieurs ordres :

2.2 Modèle thermohydrodynamique : bain de soudage à l'arc TIG avec surface libre

1. non-linéarité de l'équation de quantité de mouvement due au terme convectif ;
2. non-linéarité de l'équation de l'énergie due au terme de perte par rayonnement ;
3. dépendance des coefficients à la température ;
4. non-linéarité thermique due au changement de phase : la dépendance de l'enthalpie massique à la température présente un saut, ou du moins une forte variation sur la plage de changement de phase ;
5. non-linéarité géométrique due au changement de phase : le domaine fluide n'est pas connu à l'avance, il n'est présent qu'au-dessus de la température T_{liq} et est "confiné" par le terme de pénalisation de la force f_{Ext} ;
6. non-linéarité géométrique due à la présence de la surface libre ;
7. non-linéarité du bilan des forces sur la surface libre.

Les difficultés liées à ces non-linéarités sont différentes : il se trouve que les non-linéarités thermiques (2, 3 et 4) se résolvent assez bien avec la formulation enthalpique utilisée (voir par exemple Nedjar [63] ou Knoll [46]), pour peu que les coefficients ne varient pas trop brutalement avec la température (3) et, ce qui va ensemble, que les maillages utilisés ne soient pas trop grossiers.

Les non-linéarités liées au fluide (1, 5, 6 et 7) sont, en général, plus délicates à traiter. La non-linéarité 1 peut conduire à des couches limites fines (i.e. non résolues par le maillage utilisé), voire à la formation d'écoulements turbulents. La modélisation de la turbulence a été exclue de la modélisation par hypothèse, mais il se trouve qu'en condition "réelle" de soudage, celle-ci peut être présente. En outre, les non-linéarités 1 et (5, 6) sont couplées car les couches limites fines peuvent être présentes le long de la frontière inconnue à l'avance.

2.2.4.2 Stratégie de résolution

Dans le cadre de ce travail, nous avons choisi une stratégie pour nous attaquer à la non-linéarité liée au fluide, compte tenu des contraintes que nous avons rencontrées. Ainsi :
— les maillages utilisés pour le fluide seront relativement grossiers et nous ne serons pas capables de capturer les couches limites ;

2.2 Modèle thermohydrodynamique : bain de soudage à l'arc TIG avec surface libre

— nous tentons de résoudre les équations en régime stationnaire, ce qui est une hypothèse forte sur les équations.

La stratégie est donc la suivante : au début du calcul, les forces motrices de l'écoulement, force de *Marangoni* f_{Mar} et force de Boussinesq f_{Bou}, sont initialisées à zéro ; nous résolvons donc essentiellement le problème thermique. Lorsqu'il y a convergence sur les inconnues du problème non-linéaire, nous augmentons l'intensité des forces motrices. Deux cas peuvent se présenter :

1. il est possible d'augmenter les forces motrices jusqu'à leur valeur réelle : nous avons donc trouvé une solution approchée du problème posé ;
2. il arrive un seuil au-delà duquel il n'est plus possible d'augmenter les forces motrices tout en convergeant sur les inconnues.

Dans le deuxième cas, les raisons de la non convergence, déjà évoquées, peuvent être multiples : instationnarité de l'écoulement réel, maillage fluide insuffisamment fin, turbulence,... Dans ce cas, nous arrêtons le calcul et renvoyons la solution obtenue, qui est la meilleure permise par notre modélisation. Lorsqu'on rencontre ce deuxième cas, on peut espérer que la solution numérique approchée obtenue soit tout de même suffisamment représentative, au moins de manière qualitative, de ce qui se passe dans le bain de soudage, pour permettre d'estimer correctement les paramètres de sortie attendus par le soudeur : largeur et profondeur de bain, intensité des flux de chaleur proches du bain.

Dans le cadre de cette thèse, fort heureusement, nous étions dans des situations physiques où l'algorithme convergeait avec les bonnes valeurs des forces motrices (premier cas).

Il a également été remarqué que, lorsqu'on a convergence, la surface libre atteint rapidement sa position d'équilibre après une dizaine d'itérations. Lorsque la position d'équilibre de la surface libre est estimée atteinte, nous fixons la position de cette dernière. Ceci permet de gagner en robustesse et en temps calcul.

2.2 Modèle thermohydrodynamique : bain de soudage à l'arc TIG avec surface libre

2.2.4.3 Méthode de Newton

Écrivons le résidu continu du problème non-linéaire à résoudre sous la forme simplifiée suivante :

$$R(v,p,z,h,\alpha) = \begin{pmatrix} R_v \\ R_p \\ R_z \\ R_h \end{pmatrix} = \begin{cases} \begin{cases} -\rho(\boldsymbol{\nabla} v)\cdot(v-v_s) - \boldsymbol{\nabla}\tilde{p} + \\ \boldsymbol{\nabla}\cdot\mu\left[\boldsymbol{\nabla} v + \boldsymbol{\nabla}^t v\right] + \alpha f_{\text{Bou}} + f_{\text{Ext}} \\ -\left(\mu\left[\boldsymbol{\nabla} v + \boldsymbol{\nabla}^t v\right]\cdot n + \alpha f_{\text{Mar}} + f_{\text{arc}}\right) \\ \cdot(t_1, t_2) \end{cases} \\ \boldsymbol{\nabla}\cdot v \\ \tilde{p} - \rho g z - \left(\mu\left[\boldsymbol{\nabla} v + \boldsymbol{\nabla}^t v\right]\cdot n\right)\cdot n + \\ \frac{\gamma(T)}{R_1(z)+R_2(z)} + \lambda_V + f_{\text{arc}}\cdot n \\ \begin{cases} -\rho(\boldsymbol{\nabla} h)\cdot(v-v_s) + \boldsymbol{\nabla}\cdot\lambda\boldsymbol{\nabla} T + q_{\text{Vol}} \\ -\lambda\boldsymbol{\nabla} T\cdot n + q_{\text{Ray}} + q_{\text{Cvs}} + q_{\text{arc}} \end{cases} \end{cases}$$
(2.33)

Ici α, à valeur dans $[0,1]$, est le paramètre qui va nous permettre de faire varier les forces motrices dans le fluide. Résoudre le problème revient à trouver v, p, z, h tels que :

$$R(v,p,z,h,1) = \begin{pmatrix} 0 \\ 0 \\ 0 \\ 0 \end{pmatrix}$$
(2.34)

Pour ce faire, nous allons utiliser une méthode de type Newton incrémentale approchée dont une itération à α donné est représentée par l'algorithme :

Étant donné une estimation de la solution : $(v,p,z,h)^i$
Résoudre le système linéaire :

$$\mathcal{T}(v,p,z,h,\alpha) \begin{pmatrix} \delta v \\ \delta p \\ \delta z \\ \delta h \end{pmatrix} = -R(v,p,z,h,\alpha)$$

Nouvelle estimation : $(v,p,z,h)^{i+1} = (v,p,z,h)^i + (\delta v, \delta p, \delta z, \delta h)$

Dans la méthode de Newton exacte, $\mathcal{T}$ serait l'opérateur tangent exact R' du problème à résoudre. Ici, nous allons utiliser un opérateur tangent ap-

2.2 Modèle thermohydrodynamique : bain de soudage à l'arc TIG avec surface libre

proché $\mathcal{T}$ de la forme suivante :

$$\mathcal{T}(\boldsymbol{v}, p, z, h, \alpha) = \frac{1}{\zeta} \begin{pmatrix} \mathcal{T}_{vv} & \mathcal{T}_{vp} & \mathcal{O} & \mathcal{O} \\ \mathcal{T}_{pv} & \mathcal{T}_{pp} & \mathcal{O} & \mathcal{O} \\ \mathcal{O} & \mathcal{O} & \mathcal{T}_{zz} & \mathcal{O} \\ \mathcal{O} & \mathcal{O} & \mathcal{O} & \mathcal{T}_{hh} \end{pmatrix} \quad (2.35)$$

Cette forme diagonale par bloc permet de découpler la résolution sur les inconnues $(\boldsymbol{v}, p)$, l'inconnue (z) et l'inconnue (h). Le choix des différents blocs est tel qu'il ne s'agira généralement pas des opérateurs tangents exacts, soit pour des raisons de simplicité (par exemple, la non prise en compte de la variabilité des coefficients), soit pour des raisons de robustesse du schéma itératif résultant.

En outre, l'opérateur tangent approché global est divisé par ζ, qui est assimilable à un coefficient de relaxation compris entre 0 et 1. Dans le code, on a choisi $\zeta = 1$ en absence de fluide et $\zeta = 0.5$ en présence de fluide.

Le choix particulier des opérateurs tangents approchés effectué pour ce modèle ne sera pas détaillé ici mais on pourra trouver dans le rapport technique [25] le choix effectué pour le modèle implémenté dans le logiciel WPROCESS.

2.2.4.4 Algorithme non-linéaire complet

On résume ce que nous venons de décrire dans l'algorithme 2.1

Algorithm 2.1 Algorithme de résolution du problème non-linéaire

Condition initiale : $(\boldsymbol{v}, p, z, h, T, \alpha)^0$; $i = 0$
repeat
   $i \leftarrow i + 1$
   Repérages des mailles fluides (caractérisées par $T > T_{\text{sol}}$)
   Calcul des incréments $(\delta\boldsymbol{v}, \delta p)$ et mise à jour $(\boldsymbol{v}, p)^i = (\boldsymbol{v}, p)^{i-1} + (\delta\boldsymbol{v}, \delta p)$
   Calcul de l'incrément δz, mise à jour de la position de la surface libre $z^i = z^{i-1} + \delta z$ et bougé du maillage
   Calcul de l'incrément δh, mise à jour $h^i = h^{i-1} + \delta h$ et calcul de $T^i = T(h^i)$
   if $\delta_{\text{inc}} = \|(\delta\boldsymbol{v}, \delta z, \delta T)\| < \delta_{\text{conv}}$ (Convergence ?) **then**
      $\alpha \leftarrow \min(\alpha * f_\alpha, 1)$ (augmentation des forces motrices)
   end if
until ($\delta_{\text{inc}} < \delta_{\text{conv}}$ et $\alpha = 1$) ou $i > i_{\max}$

2.2 Modèle thermohydrodynamique : bain de soudage à l'arc TIG avec surface libre

2.2.5 Discrétisation des équations

De même qu'en section 2.1.5, on utilise la méthode des éléments finis pour discrétiser les équations du problème.

2.2.5.1 Formulation faible

La formulation faible du problème complet à surface libre s'écrit :

$$\int_\Omega \rho\left(\boldsymbol{\nabla} v\right)\cdot(v-v_s)\cdot\mathcal{N}_v\,\mathrm{d}\Omega + \int_\Omega \mu\left[\boldsymbol{\nabla} v+\boldsymbol{\nabla}^t v\right]:\boldsymbol{\nabla}\mathcal{N}_v\,\mathrm{d}\Omega$$

$$-\int_\Omega \tilde{p}\boldsymbol{\nabla}\cdot\mathcal{N}_v\,\mathrm{d}\Omega - \int_\Omega \boldsymbol{\nabla}\cdot v\mathcal{N}_p\,\mathrm{d}\Omega$$

$$+\int_\Omega \alpha\boldsymbol{f}_{\mathrm{Bou}}\cdot\mathcal{N}_v\,\mathrm{d}\Omega + \int_\Omega \boldsymbol{f}_{\mathrm{Ext}}\cdot\mathcal{N}_v\,\mathrm{d}\Omega$$

$$+\int_{\Gamma_{\mathrm{Libre}}} \gamma(T)\nabla_s\mathcal{N}_v\,\mathrm{d}\Gamma_{\mathrm{Libre}} - \int_{\Gamma_{\mathrm{Libre}}} (\rho_0 g z\boldsymbol{n})\mathcal{N}_v\,\mathrm{d}\Gamma_{\mathrm{Libre}} + \int_{\Gamma_{\mathrm{Libre}}} (\lambda_V \boldsymbol{n})\mathcal{N}_v\,\mathrm{d}\Gamma_{\mathrm{Libre}}$$

$$+\int_{\Gamma_{\mathrm{Libre}}} \boldsymbol{f}_{\mathrm{arc}}\cdot\mathcal{N}_v\,\mathrm{d}\Gamma_{\mathrm{Libre}}$$

$$+\left[V-V_0\right]\mu_V$$

$$+\int_{\Gamma_{\mathrm{Libre}}} \boldsymbol{v}_{\mathrm{eau}}\cdot\boldsymbol{n}\mathcal{N}_z\,\mathrm{d}\Gamma_{\mathrm{Libre}}$$

$$+\int_\Omega \rho\left(\boldsymbol{\nabla} h\right)\cdot(v-v_s)\mathcal{N}_h\,\mathrm{d}\Omega + \int_\Omega \lambda\nabla T\cdot\nabla\mathcal{N}_h\,\mathrm{d}\Omega$$

$$+\int_{\Gamma_{\mathrm{Flux}}} q_{\mathrm{Ray}}\cdot h\,\mathrm{d}\Gamma_{\mathrm{Flux}} + \int_{\Gamma_{\mathrm{Flux}}} q_{\mathrm{Cvs}}\cdot h\,\mathrm{d}\Gamma_{\mathrm{Flux}} + \int_{\Gamma_{\mathrm{Flux}}} q_{\mathrm{arc}}\cdot h\,\mathrm{d}\Gamma_{\mathrm{Flux}}$$

$$= 0 \quad \forall\left(\mathcal{N}_v,\mathcal{N}_p,\mu_V,\mathcal{N}_z,\mathcal{N}_h\right) \quad (2.36)$$

où $\mathcal{N}_v$, $\mathcal{N}_p$, $\mathcal{N}_z$ et $\mathcal{N}_h$ sont les fonctions tests pour la vitesse, la pression, la position de l'interface et l'enthalpie massique, et μ_V est un scalaire. $\mathcal{N}_v$ s'annule là où des conditions de Dirichlet sur la vitesse sont imposées. De même, $\mathcal{N}_z$ s'annule sur le bord de la surface du bain de soudage et $\mathcal{N}_h$ s'annule sur $\Gamma_{\mathrm{Entrée}}$.

Comme noté page 42, les termes de tension de surface $\frac{\gamma(T)}{R_1(z)+R_2(z)}\boldsymbol{n}$ et de force *Marangoni* $\boldsymbol{f}_{\mathrm{Mar}} = \frac{\partial\gamma}{\partial T}\nabla_s T$ de la formulation forte se réduisent au seul terme $\int_{\Gamma_{\mathrm{Libre}}} \gamma(T)\nabla_s\cdot\mathcal{N}_v\,\mathrm{d}\Gamma_{\mathrm{Libre}}$ dans la formulation faible.

2.2 Modèle thermohydrodynamique : bain de soudage à l'arc TIG avec surface libre

Espace d'éléments finis Pour discrétiser la formulation faible (2.36), nous avons choisi les espaces d'éléments finis suivants :
— $\mathbb{Q}_2$ (hexaèdres) pour la vitesse v ;
— $\mathbb{P}_1^{disc}$ (hexaèdres) pour la pression p ;
— $\mathbb{Q}_2$ (quadrangles) pour la position de la surface z ;
— $\mathbb{Q}_1$ (hexaèdres) pour l'enthalpie massique h et la température T.

Le choix des éléments finis en vitesse, pression et position est le même que pour le modèle de la section 2.1 et est dicté par les mêmes considérations : stabilité de l'approximation en vitesse-pression et représentation fine de la surface et des forces associées (tension de surface, effet *Marangoni*) même avec un nombre de mailles faible. Le choix d'une représentation linéaire des champs d'enthalpie et de température a, lui, plutôt été dicté par des considérations de coûts calcul et de robustesse, surtout à l'interface de changement de phase solide-liquide mais une discrétisation quadratique peut également se révéler adéquate.

Il est à noter également que les termes de convection sont décentrés à l'aide d'une méthode de type *Streamline-Diffusion* (voir [26] pour une introduction à ces méthodes) pour des raisons de robustesse.

Enfin, les systèmes linéaires résultants sont résolus à l'aide d'une méthode directe de type factorisation L.U..

Conclusions du chapitre 2

Nous avons décrit dans ce chapitre les deux modèles numériques à surface libre que nous avons utilisés dans cette thèse.

Le premier modèle, purement hydrodynamique, met l'accent sur le problème de l'équilibre stationnaire d'une surface sollicitée par des écoulements isothermes incompressibles. La simplicité apparente de l'écoulement que nous voulions modéliser, un jet d'air impactant une surface d'eau, nous a permis d'envisager une validation par le biais d'une expérience. C'est ce que nous décrirons dans la partie suivante.

Le deuxième modèle, thermohydrodynamique, entend approcher les solutions d'une situation type ligne de soudage. La modélisation fine de la forme de la surface et des phénomènes physiques attenants peut nous donner des informations importantes, qualitatives et quantitatives, en particulier sur les formes de bain obtenus lors des opérations de soudage. Nous appliquerons ce modèle par la suite et effectuerons des plans d'expérience,

2.2 Modèle thermohydrodynamique : bain de soudage à l'arc TIG avec surface libre

tant expérimentaux que numériques, suivant en cela la méthodologie appliquée dans la thèse de Michel Brochard [5], afin de valider ce deuxième modèle.

Chapitre 3

Vérification et analyse du modèle

Sommaire

	Objectifs du chapitre 3	58
3.1	Déformation de la surface d'une couche d'eau par un jet d'air . . .	59
	3.1.1 Essais expérimentaux	59
	3.1.2 Paramètres physiques et numériques des simulations	65
	3.1.3 Comparaisons entre simulations et essais	66
	3.1.4 Conclusions	72
3.2	Plan d'expériences numériques portant sur les paramètres : flux de chaleur, pression d'arc et vitesse du soudage	73
	3.2.1 Plan des essais numériques	73
	3.2.2 Variables centrées réduites	74
	3.2.3 Modèle de régression	74
	3.2.4 Influence de l'énergie linéique	74
	3.2.5 Influence des facteurs conjoints	75
	3.2.6 Influence de la pression d'arc	76
	3.2.7 Influence de la vitesse du soudage	77
	3.2.8 Influence du flux de chaleur imposé	78
	3.2.9 Influence de la surface libre déformable	80
	3.2.10 Influence de la quantité de soufre	82
	Conclusions du chapitre 3	84

Objectifs du chapitre 3

Dans ce chapitre, nous présentons les résultats de vérification de notre modèle. Dans un premier temps, nous abordons la validation de la partie du modèle dédiée au calcul d'écoulement à interface mobile avec un maillage déformable. Pour cela, nous avons considéré une configuration isotherme où la surface d'une couche d'eau est impactée par un jet d'air. Les comparaisons entre les simulations et les expériences que nous avons conduites

3.1 Déformation de la surface d'une couche d'eau par un jet d'air

sont analysées et permettent de valider le modèle. Dans un deuxième temps nous étudions le creusement de la surface libre en présence d'une vitesse de défilement dans le cas d'une application de soudage TIG dans le but de vérifier l'implémentation en trois dimensions de l'algorithme. La validation du modèle thermohydraulique relatif à l'application d'une simulation du soudage TIG fera l'objet du chapitre 4. Nous y avons comparé les sensibilités numériques et expérimentales pour évaluer la cohérence des résultats obtenus par ces deux moyens.

3.1 Déformation de la surface d'une couche d'eau par un jet d'air

Avant de valider le modèle complet sur des essais représentatifs du soudage, nous commençons par valider les principaux modèles élémentaires sur une configuration beaucoup plus simple. La configuration choisie met en jeu la déformation la surface d'une couche d'eau, initialement immobile, par un jet d'air laminaire. Les expériences de laboratoire que nous avons conduites nous ont donné accès au profil d'équilibre de la couche d'eau.

3.1.1 Essais expérimentaux

3.1.1.1 Dimensionnement de l'essai

La surface du bain fondu est déformée par la pression de l'arc dans le soudage TIG. Nous cherchons à faire des essais en similitude avec le soudage et qui peuvent reproduire les même phénomènes en ce qui concerne la surface déformée. Pour ce faire nous réalisons l'adimensionnement de l'équation d'équilibre dans le cas d'une opération de soudage TIG et conserverons les même nombres adimensionnés dans les essais en similitude.

3.1.1.2 Adimensionnement de l'équation

L'équilibre d'une surface libre est piloté par la pression P, la tension de surface γ et la gravité $\rho g h$. La pression est supposée suivre une distribution Gaussienne de d'écart-type σ et d'intensité maximale P_{max} L'équation

3.1 Déformation de la surface d'une couche d'eau par un jet d'air

d'équilibre à l'interface est la suivante :

$$\frac{\gamma}{2R} - \rho g z + P_{max} e^{-\frac{r^2}{2\sigma^2}} = 0 \tag{3.1}$$

où z et r sont les coordonnées dans les directions verticale et radiale. Si on choisit comme longueur de référence L, l'équation adimensionnelle d'équilibre devient :

$$\frac{\gamma}{2\widehat{R}L} - \rho g L \widehat{z} + P_{max} e^{-\frac{\widehat{r}^2}{2\widehat{\sigma}^2}} = 0$$

$$\frac{1}{2\widehat{R}} \frac{\gamma}{P_{max}L} - \frac{\rho g L}{P_{max}} \widehat{z} + e^{-\frac{\widehat{r}^2}{2\widehat{\sigma}^2}} = 0$$

$$\frac{1}{2\widehat{R}} \Pi_1 - \Pi_3 \widehat{z} + e^{-\frac{\widehat{r}^2}{2\widehat{\sigma}^2}} = 0$$

Il y a donc trois nombres adimensionnés :

$$\begin{cases} \Pi_1 = \dfrac{1}{We} = \widehat{\gamma} = \dfrac{\gamma}{P_{max}L} \\ \Pi_2 = \widehat{\sigma} = \dfrac{\sigma}{L} = 1 \\ \Pi_3 = \dfrac{1}{Fr} = \widehat{\rho g} = \dfrac{\rho g L}{P_{max}} \end{cases}$$

La pression d'arc dépend fortement de trois paramètres opératoires du procédé de soudage TIG, qui sont : l'intensité du courant (I), la hauteur d'arc (h_{arc}) et l'angle d'affûtage de l'électrode α (1.2.3.5). Nous utilisons le modèle de M. Brochard [5] pour effectuer huit calculs avec ces trois paramètres pris à deux niveaux chacun, comme indiqué dans le tableau (3.1), ce qui nous permet de déterminer un domaine de variation de la pression d'arc pour les essais en similitude. Les distributions radiales de la pression

	I (A)	h_{arc} (mm)	α (degré)
valeurs basses	100	3	30
valeurs hautes	150	5	60

TABLE 3.1 – Valeurs hautes et basses des facteurs.

d'arc simulées sont présentées sur la figure 3.1, la pression maximale P_{max}

3.1 Déformation de la surface d'une couche d'eau par un jet d'air

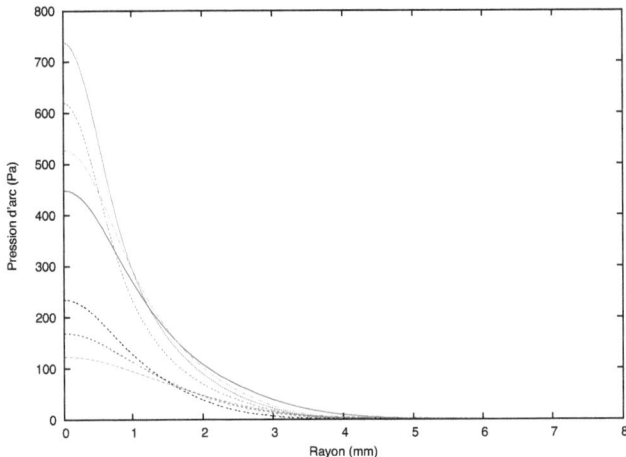

FIGURE 3.1 – Distribution de la pression d'arc pour les valeurs des paramètres opératoires du tableau (3.1).

varie entre 123 Pa et 738 Pa et l'écart-type σ de la fonction gaussienne de pression varie entre 0,68 et 1,15 mm. La tension de surface γ est calculée à partir de l'expression 1.5 proposée par Sahoo et al. [73], elle varie entre 1,32 et 1,58 N·m^{-1}. Pour l'essai en similitude on cherche à conserver le nombre de Froude qui exprime le rapport des effets inertiels et de gravité et le nombre de *Weber* qui exprime le rapport des effets inertiels et de tension superficielle. Leurs intervalles de variation sont donnés ci-dessous :

$$We = \frac{\rho u^2 L}{\gamma} \in [0,08 - 0,34] \qquad (3.2)$$

$$Fr = \frac{u^2}{gL} \in [1,22 - 18,8] \qquad (3.3)$$

3.1.1.3 Présentation de l'essai

Nous cherchons à reproduire dans cet essai le phénomène de déformation de la surface qui apparaît en soudage, sous l'effet de la pression d'arc et vérifier la capacité de notre modèle à la simuler. La figure 3.2 montre

3.1 Déformation de la surface d'une couche d'eau par un jet d'air

le schéma de principe de l'essai et de la méthode de mesure optique de la surface libre, tandis que les figures 3.3(a) et 3.3(b) représentent le dispositif expérimental. Un injecteur est placé au dessus d'une cuve en verre remplie d'eau. Un régulateur de débit massique est relié avec l'injecteur pour contrôler le débit de gaz, et une caméra rapide est placée à côté de la surface de l'eau pour mesurer la surface déformée. Le diamètre D de l'injecteur, la hauteur H entre l'injecteur et la surface libre et le débit de gaz Q sont trois paramètres opératoires variables dont les plages de valeurs sont indiquées dans le tableau 3.2.

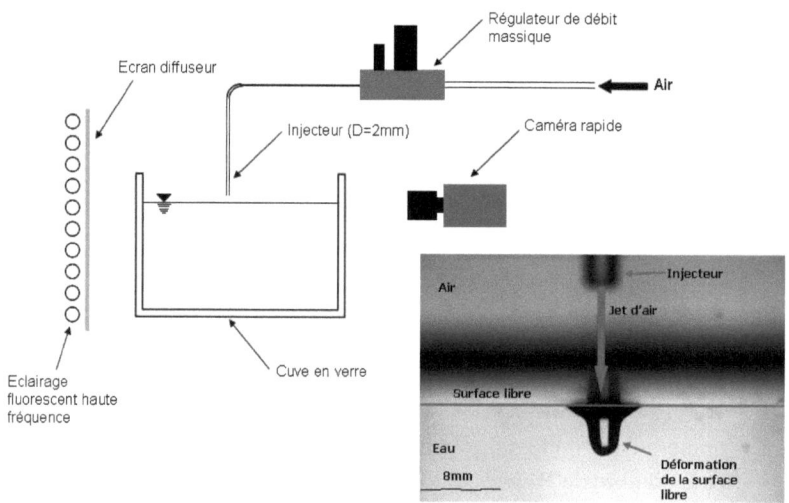

FIGURE 3.2 – Schéma de principe de l'essai.

	D (mm)	H (mm)	Q (l/mn)
valeurs basses	0,2	3	0,04
valeurs hautes	0,5	9	0,20

TABLE 3.2 – Plages de valeurs des trois paramètres opératoires de cette expérience.

Le jet de gaz est laminaire, la distribution de la vitesse verticale est

3.1 Déformation de la surface d'une couche d'eau par un jet d'air

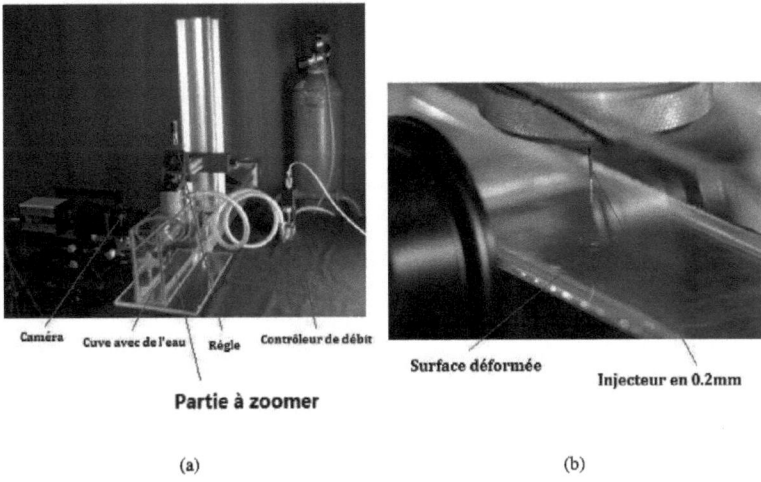

FIGURE 3.3 – Expérience du jet d'air impactant la surface d'une couche d'eau.

calculée par l'équation suivante :

$$\begin{cases} u = \dfrac{Re^2}{8} \dfrac{\nu}{H+Z_0} (\dfrac{1}{1+\eta^2})^2 \\ \eta = \dfrac{Re}{8} \dfrac{r}{H+Z_0} \\ Z_0 = 0.084 D Re \\ Re = \dfrac{u_0 D}{\nu} \end{cases} \quad (3.4)$$

où u_0 est la vitesse du gaz à la sortie de l'injecteur, u la distribution de la vitesse d'arrêt à l'interface, ν la viscosité cinématique et r la distance radiale. La pression d'arrêt à la surface est calculée avec la théorème de Bernoulli :

$$P_{gaz} = 0.5 \rho u^2 \quad (3.5)$$

avec ρ la masse volumique du gaz. La pression d'arrêt à l'interface est représentée sous une forme *Gaussienne* sur la figure 3.4.

3.1.1.4 Observations expérimentales

Une campagne de dix-neuf essais a été réalisée en variant les trois paramètres opératoires. Lorsque le nombre de *Bond* (rapport des effets de

3.1 Déformation de la surface d'une couche d'eau par un jet d'air

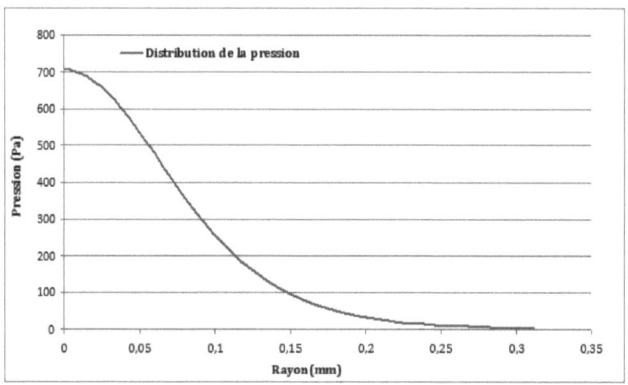

FIGURE 3.4 – Distribution de la pression d'arrêt du jet d'air pour D=0.5 mm, H=6 mm et Q=0.20 l/mn.

gravité et de la tension superficielle $Bo = (\dfrac{We}{Fr})$ est inférieur à 2 000, on considère que l'on est en régime stationnaire. Les essais que nous avons conduits satisfont cette condition.

La figure 3.5 montre qu'une augmentation du débit de gaz augmente la déformation de la surface libre. La ligne rouge indique l'interface entre l'air et l'eau, déformée par la pression d'arrêt de l'écoulement du jet de d'air. La courbure au-dessus de la ligne rouge représente la réflection de la surface déformée, ce qui permet de mesurer les distances entre ces deux courbes, ainsi la valeur de la pénétration de l'interface est la moitié de cette distance. Le profil de cette surface déformée présente une allure *Gaussienne* qui sera utilisée pour représenter les profils obtenus (figure 3.6). En considérant la forme *Gaussienne* suivante :

$$z = z_0 + a_0 e^{-ln(2)(\dfrac{r-a_1}{a_2})^2} \tag{3.6}$$

on obtient pour l'expérience D = 0,5 mm, H = 6 mm et Q = 0,2 l/mn les paramètres suivants : $a_0 = 0,2507$, $a_1 = 0,0018$, $a_2 = 0,3541$, $z_0 = 0,1693$.

3.1 Déformation de la surface d'une couche d'eau par un jet d'air

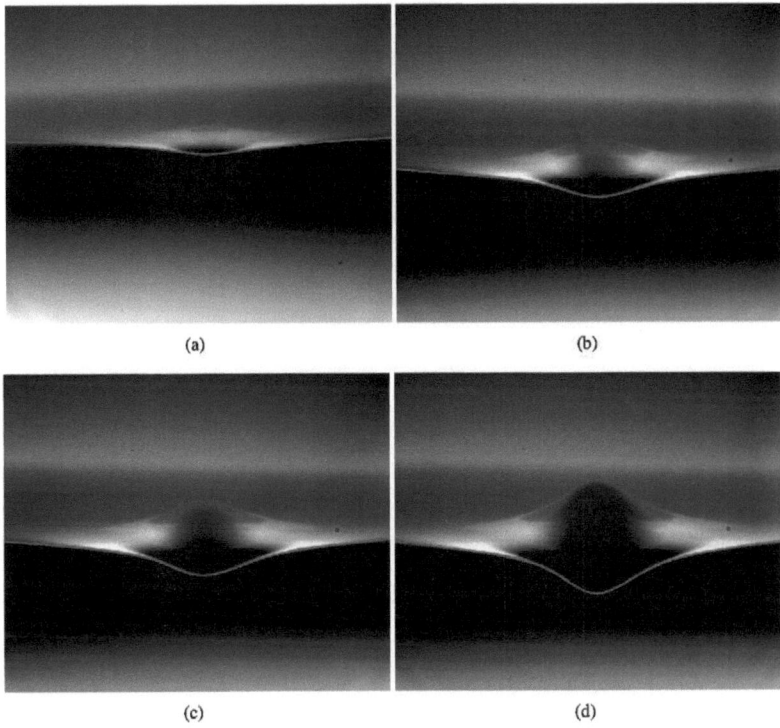

FIGURE 3.5 – Profils expérimentaux de surface libre déformée par un jet impactant d'air pour D = 0,5 mm, H = 6 mm et quatre valeurs du débit d'air Q en l/mn : (a) 0,12 ; (b) 0,15 ; (c) 0,17 ; (d) 0,20.

3.1.2 Paramètres physiques et numériques des simulations

3.1.2.1 Domaine de calcul et maillage

Nous simulons l'écoulement du jet d'air, celui de l'eau et leurs interactions, pour différentes valeurs des paramètres opératoires. La configuration géométrique du domaine de calcul ainsi que le maillage constitué d'éléments quadratiques sont représentés sur la figure 3.7. Le segment GH représente la paroi verticale du injecteur et AB est l'interface entre l'air et l'eau.

3.1 Déformation de la surface d'une couche d'eau par un jet d'air

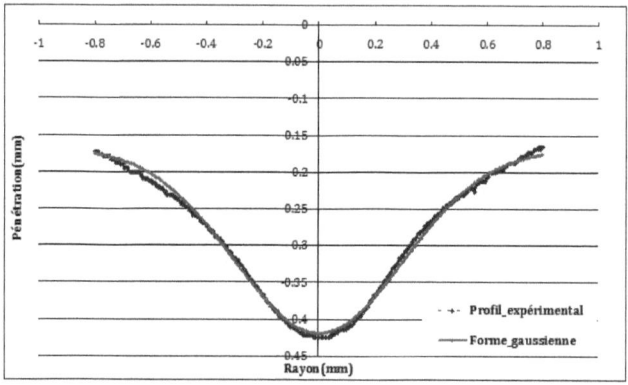

FIGURE 3.6 – Profil de la surface déformée pour l'essai avec les paramètres : D = 0,5 mm, H = 6 mm et Q = 0,2 l/mn et modèle *Gaussien*.

3.1.2.2 Conditions aux limites

Les conditions aux limites considérées pour ces simulations sont les suivantes :
— la vitesse d'entrée du gaz V_0 à EG ;
— $u_r = 0$: EA, AD, EG, GF et GJ ;
— $u_z = 0$: GJ, FB et BC ;
— $\mathbf{u} \cdot \mathbf{n} = 0$ sur l'interface AB.

3.1.2.3 Propriétés physiques utilisées

Les propriétés physiques de l'air et de l'eau que nous avons considérées sont les suivantes :
— $\rho_{air} = 1{,}617 \, \text{kg·m}^{-3}$ et $\rho_{eau} = 1\,000 \, \text{kg·m}^{-3}$;
— $\mu_{air} = 1{,}846\,10-5 \, \text{kg·m}^{-1}\text{·s}^{-1}$ et $\mu_{eau} = 1{,}002\,10-3 \, \text{kg·m}^{-1}\text{·s}^{-1}$;
— $\gamma_{eau} = 7{,}197\,10-2 \, \text{N·m}^{-1}$ à 20°C.

3.1.3 Comparaisons entre simulations et essais

3.1.3.1 Pénétrations expérimentales et numériques

Les pénétrations maximales calculées numériquement et mesurées pour chacun des essais sont reportées dans le tableau 3.3 et comparées sur la figure 3.8. L'écart Sr_O entre les mesures et les simulations réalisées sur la

3.1 Déformation de la surface d'une couche d'eau par un jet d'air

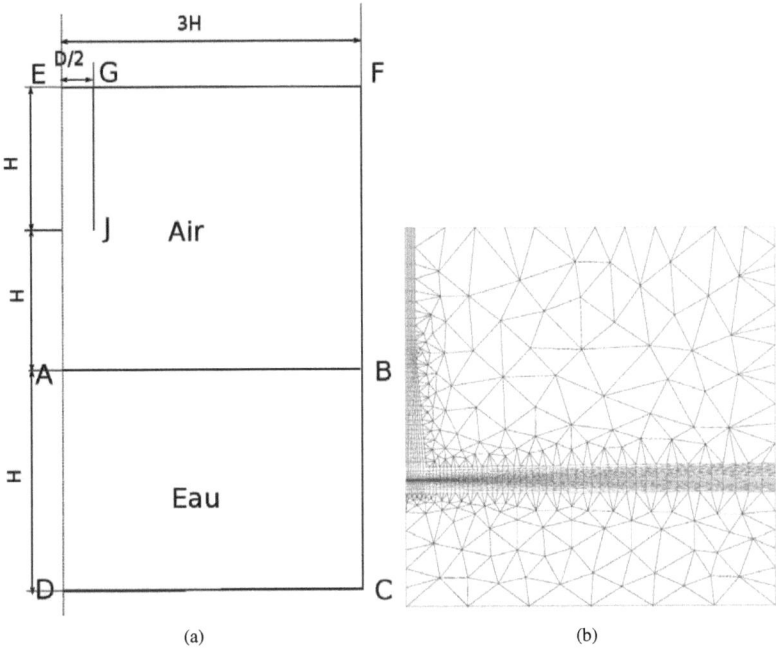

FIGURE 3.7 – Simulation d'écoulement d'un jet d'air impactant la surface d'une couche d'eau. (a) Configuration géométrique du domaine de calcul, (b) maillage utilisé.

grandeur O peut être définie ainsi :

$$Sr_O = \frac{\sum_{i=1}^{N} |O_{exp_i} - O_{num_i}|}{\sum_{i=1}^{N} O_{exp_i}} \qquad (3.7)$$

avec :
— exp et num les indices relatifs aux résultats expérimentaux et numériques ;
— N le nombre d'essais total, soit les 22 du plan d'expériences.

Pour la totalité des 22 essais nous obtenons un écart de 4.48%. Cet écart est faible et valide la capacité de notre modèle à prédire la pénétration maximale de la surface libre déformée. La courbe de tendance de la figure 3.8 confirme la bonne corrélation entre les résultats expérimentaux et simulés.

3.1 Déformation de la surface d'une couche d'eau par un jet d'air

Essais	D (mm)	H (mm)	Q (l/mn)	$Pé_{exp}$ (mm)	$Pé_{num}$ (mm)
1	0,5	6	0,120	0,163	0,190
2	0,5	6	0,130	0,243	0,228
3	0,5	9	0,150	0,264	0,297
4	0,5	8	0,150	0,322	0,304
5	0,5	7	0,150	0,325	0,312
6	0,2	6	0,040	0,137	0,148
7	0,5	6	0,150	0,343	0,320
8	0,5	5	0,150	0,347	0,328
9	0,5	4	0,150	0,350	0,335
10	0,5	6	0,170	0,437	0,438
11	0,2	4	0,040	0,169	0,162
12	0,5	6	0,185	0,536	0,551
13	0,5	6	0,200	0,659	0,697
14	0,2	4	0,050	0,288	0,279
15	0,2	7	0,060	0,380	0,392
16	0,2	6	0,060	0,405	0,412
17	0,2	5	0,060	0,425	0,436
18	0,2	4	0,060	0,450	0,466
19	0,2	3	0,060	0,501	0,510

TABLE 3.3 – Les pénétrations expérimentales et simulées.

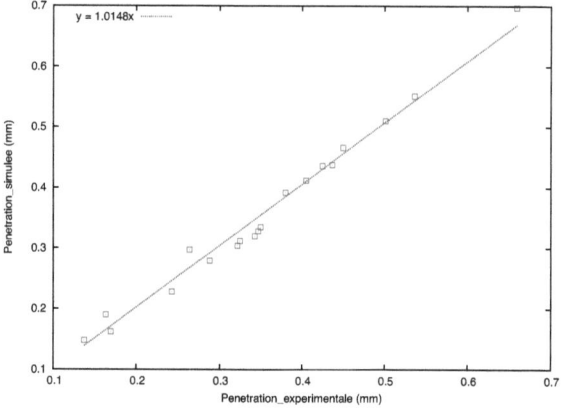

FIGURE 3.8 – Comparaisons entre les pénétrations expérimentales et simulées.

3.1 Déformation de la surface d'une couche d'eau par un jet d'air

3.1.3.2 Profil expérimental et numérique de la surface déformée

Pour aller plus loin dans la confrontation, la comparaison est effectuée sur les profils de surface libre déformée, obtenus sur deux groupes d'expériences, le premier groupe est composé des expériences 1, 2, 7, 10 et 13 pour lequel seul le débit varie et le second groupe est composé des expériences 15, 16, 17, 18 et 19 pour lequel seule la hauteur varie. Les résultats pour le premier groupe sont présentés sur la figure 3.9(a) et ceux du deuxième sur la figure 3.9(b). X-D5H6Q200 représente l'essai [1] effectué avec un diamètre de 0,5 mm pour l'injecteur, une hauteur de 6 mm et un débit de 0,2 l/mn, et N-D5H6Q200 est la simulation [2] correspondante. Pour le premier, les profils sont différents et cette différence augmente avec le débit du gaz. Pour le deuxième groupe, les différences augmentent quand la hauteur diminue. Les principales raisons pouvant expliquer les différences observées sur les profils numériques et expérimentaux sont étudiées ci-après :

3.1.3.3 Répétabilité des essais

Trois expériences sont répétées afin de vérifier la répétabilité des mesures, les résultats expérimentaux obtenus sont montrés sur la figure 3.10, X-D5H6Q200 représente l'essai effectué avec un diamètre de 0,5 mm pour l'injecteur, une hauteur de 6 mm et un débit de 0,2 l/mn, et la répétition de ce même essai est montré par X-D5H6Q200C. Les profils trouvés sont équivalents mais présentent un décalage.

3.1.3.4 La turbulence du gaz

Dans notre modèle, on suppose que le jet de gaz est laminaire, mais le phénomène de turbulence est peut-être présent dans l'écoulement du jet d'air. La vitesse d'arrêt du gaz à la surface de l'eau est plus élevée lorsque le débit augmente ou que la hauteur diminue, cas où la turbulence est plus importante. Ces conditions engendrent aussi une différence plus importante sur les profils numériques. Dans la figure 3.11, X-D5H6Q200 et X-D5H6Q200C représentent respectivement le profil expérimental et sa répétition. La simulation correspondante est montrée par N-D5H6Q200. En multipliant artificiellement par trois la viscosité dynamique du fluide

---

1. L'indice X pour eXpérience
2. L'indice N pour Numérique

3.1 Déformation de la surface d'une couche d'eau par un jet d'air

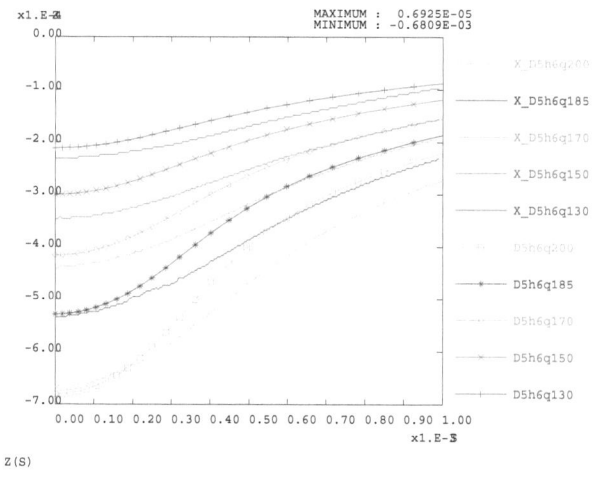

(a)

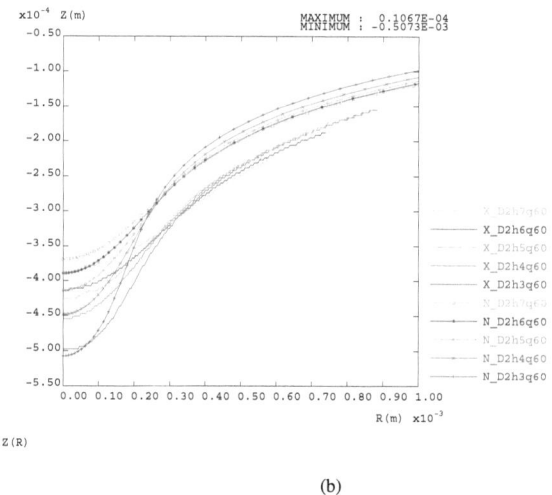

(b)

FIGURE 3.9 – Comparaisons des profils numériques et expérimentaux avec les variations de débit (a) et de hauteur d'injecteur (b).

3.1 Déformation de la surface d'une couche d'eau par un jet d'air

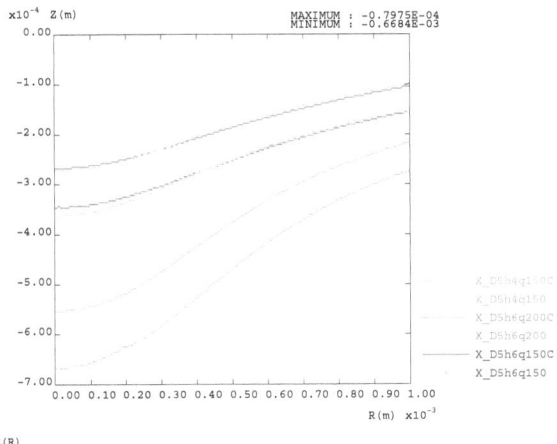

FIGURE 3.10 – Répétabilité des essais.

dans les simulations pour prendre en compte la turbulence possible, on trouve que le profil numérique, indiqué par N-D5H6Q200-Visco, change nettement et se rapproche de X-D5H6Q200, confirmant l'amélioration des résultats numériques par rapport aux expériences.

3.1.3.5 Impuretés à la surface de l'eau

On utilise la valeur $0{,}073\ \text{N·m}^{-1}$ pour la tension de surface de l'eau à la température de 20°C dans les calculs. La tension superficielle est fortement modifiée par des impuretés sur la surface de l'eau ce qui peut modifier les conditions d'arrêt du gaz et par conséquent la déformation de la surface. N-D5H6Q200-Gamma représente un calcul avec une valeur de la tension de surface de 90%, donc la courbure retrouvée est nettement plus proche de celle obtenue expérimentalement, comme indiqué par la courbe X-D5H6Q200.

3.1.3.6 La variation de débit du gaz

Il est possible d'avoir une variation du débit du gaz dans les essais, ou encore une incertitude sur sa valeur. Une nouvelle simulation est effectuée

3.1 Déformation de la surface d'une couche d'eau par un jet d'air

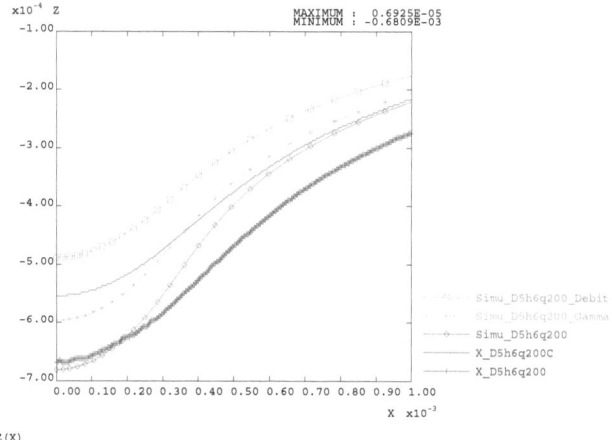

FIGURE 3.11 – Profils numériques après variation de débit, de tension de surface et de viscosité et comparaisons avec les profils expérimentaux.

pour l'essai X-D5H6Q200 avec une diminution du débit de 10%, et on peut observer que le profil obtenu numériquemenent, montré par N-D5H6Q200-Debit, est nettement plus proche de celui obtenu expérimentalement.

3.1.4 Conclusions

Les comparaisons entre les résultats expérimentaux et numériques montrent des différences entre les courbures expérimentales et numériques. Celles-ci semblent provenir principalement soit des incertitudes sur les paramètres opératoires de l'expérience, et plus particulièrement le débit d'air dans la buse, soit du fait que l'écoulement du jet de gaz est en réalité turbulent, alors que nous le modélisons comme laminaire. Malgré ces différences on peut cependant conclure que notre modèle numérique peut reproduire ce type de configurations où la surface d'un liquide est déformée par un écoulement de gaz à haute vitesse.

3.2 Plan d'expériences numériques portant sur les paramètres : flux de chaleur, pression d'arc et vitesse du soudage

L'objectif de cette partie est de vérifier que le modèle développé est représentatif des phénomènes physiques intervenant dans le procédé de soudage TIG, sans apport de matière. On s'intéresse ici à l'influence du flux de chaleur (Q), de la vitesse de soudage (u_s), de la pression d'arc (P), de la quantité de souffre et de la surface libre déformable. Ces effets sont étudiés par un plan d'expériences numériques et par une étude paramétrique portant sur la géométrie du bain fondu (largeur (Lar), pénétration ($Pé$) et volume (Vol)), ainsi que sur les champs de températures et de vitesses d'écoulement simulés.

3.2.1 Plan des essais numériques

On cherche à vérifier que pour le modèle développé l'influence des trois facteurs que sont le flux de chaleur (Q), la pression d'arc (P) et la vitesse du soudage (u_s) sur les observables simulées que sont la largeur (Lar), la pénétration ($Pé$) et le volume du bain fondu (Vol) est bien consistante avec la réalité physique établie par l'homme de l'art et la littérature. Pour cela, on suppose que le flux de chaleur et la pression d'arc suivent une distribution *Gaussienne* de rayons caractéristiques respectivement σ_Q et σ_P et on réalise un plan d'expériences numériques factoriel complet à trois facteurs et à deux niveaux. Les niveaux des facteurs et leurs paramètres sont donnés dans le tableau 3.4

Essais	X_P	X_Q	X_{u_s}	P (Pa)	Q (W)	u_s (cm·mn^{-1})
1	-1	-1	-1	326	1021	12
2	1	-1	-1	407	1021	12
3	-1	1	-1	326	1276	12
4	1	1	-1	407	1276	12
5	-1	-1	1	326	1021	15
6	1	-1	1	407	1021	15
7	-1	1	1	326	1276	15
8	1	1	1	407	1276	15

TABLE 3.4 – Valeurs des facteurs du plan d'expériences numériques.

3.2 Plan d'expériences numériques portant sur les paramètres : flux de chaleur, pression d'arc et vitesse du soudage

3.2.2 Variables centrées réduites

Les facteurs n'étant pas tous de mêmes dimensions et unités, on utilise des variables centrées réduites notées $\bar{X}_j$ pour donner le même poids à chacun des facteurs X :

$$\bar{X}_j = \frac{X_j - \hat{X}_j}{\Delta X_j}$$

$$\Delta X_j = \frac{X_j^{max} - X_j^{min}}{2}$$

$$\hat{X}_j = \frac{X_j^{max} + X_j^{min}}{2}$$

Ce changement de variable permet de ramener les variations entre -1 et +1. On introduit ainsi trois nouvelles variables centrées réduites : $\bar{X}_I$, $\bar{X}_U$, et $\bar{X}_{v_s}$.

3.2.3 Modèle de régression

Pour étudier l'effet des différents facteurs, nous utilisons un modèle de régression polynomiale. Cela permet d'exprimer la variation d'une réponse (observable) en fonction de la variation des différents facteurs dont les valeurs sont notées : $\bar{X}_Q$, $\bar{X}_P$, $\bar{X}_{u_s}$. Pour le plan d'expériences considéré, le modèle de régression linéaire s'exprime ainsi en fonction des coefficients a_k :

$$y = a_1 + a_2 \bar{X}_P + a_3 \bar{X}_Q + a_4 \bar{X}_{u_s} + a_5 \bar{X}_Q \bar{X}_P + a_6 \bar{X}_{u_s} \bar{X}_P + a_7 \bar{X}_Q \bar{X}_{u_s} + a_8 \bar{X}_P \bar{X}_Q \bar{X}_{u_s} \tag{3.8}$$

Où y représente la réponse de l'observable que l'on cherche à quantifier en fonction des facteurs testés et de leurs interactions.

3.2.4 Influence de l'énergie linéique

Le tableau 3.5 donne les observables numériques simulées par notre modèle. Les résultats ont été arrondis à une décimale par excès. L'amplitude de variation de la largeur simulée est d'environ 20%, celle de la pénétration est tout comme celle du facteur de forme de l'ordre de 40% et celle du volume de l'ordre de 80%. Ceci montre d'emblée que l'amplitude de variation des facteurs était suffisante pour entraîner des variations conséquentes sur les observables. Cependant, les observables y ont été plus ou

3.2 Plan d'expériences numériques portant sur les paramètres : flux de chaleur, pression d'arc et vitesse du soudage

moins sensibles suivant que l'on considère la largeur ou le volume du bain. Nous avons ajouté une colonne concernant l'énergie linéique (rapport de la puissance injectée sur la vitesse de soudage : $E_{lin} = Q/u_s$ (J·mm^{-1}) qui est une donnée intéressante pour le soudeur. Dans un premier temps, nous

Essais	Lar (mm)	$Pé$ (mm)	$Pé/Lar$	Vol (mm^3)	E_{lin} (J·mm^{-1})
1	7,6	1,8	0,2	37,6	510
2	7,7	2,2	0,3	40,2	510
3	8,5	2,2	0,3	63,3	638
4	7,9	2,4	0,2	53,4	638
5	7,1	1,6	0,3	28,4	408
6	7,0	2,0	0,3	33,1	408
7	7,8	2,0	0,3	52,4	510
8	7,9	2,4	0,3	55,4	510

TABLE 3.5 – Largeur (Lar), pénétration ($Pé$) du bain, rapport $Pé/Lar$, volume fondu (Vol) et énergie linéique (E_{lin}) pour les 8 essais numériques.

vérifions sur la figure 3.2.4 que les largeurs et pénétrations du bain fondu simulées augmentent bien en fonction de l'énergie linéique. Les équations de régression linéaire pour les largeurs et pénétrations sont respectivement $y = 0,0048 E_l + 5,2$ et $y = 0,0022 E_l + 0,95$ montrant une influence du même ordre de grandeur de l'énergie linéique sur ces deux facteurs : une énergie linéique plus élevée induit une augmentation de la largeur et de la pénétration du bain. Dans la littérature, cette même conclusion peut être retrouvée chez Zhang [97].

3.2.5 Influence des facteurs conjoints

Le tableau 3.6 donne tous les coefficients a_k pour l'équation de régression et les contributions des facteurs sont listées dans le tableau 3.7. Les coefficients a_2 à a_4 représentent les effets principaux des paramètres de pression, flux de chaleur et vitesse de soudage. Les coefficients a_5 à a_8 représentent les effets conjoints, c'est à dire, comment varie l'effet d'un facteur en fonction du niveau d'un autre et traduit donc aussi l'influence des interactions. Le tableau des contributions montre que ces interactions, avec des valeurs inférieures à 5%, sont négligeables devant les effets principaux. Ce résultat permettra d'éliminer celles-ci lors d'une prochaine étude, ce qui réduira de fait le nombre d'expériences et de simulations à réaliser.

3.2 Plan d'expériences numériques portant sur les paramètres : flux de chaleur, pression d'arc et vitesse du soudage

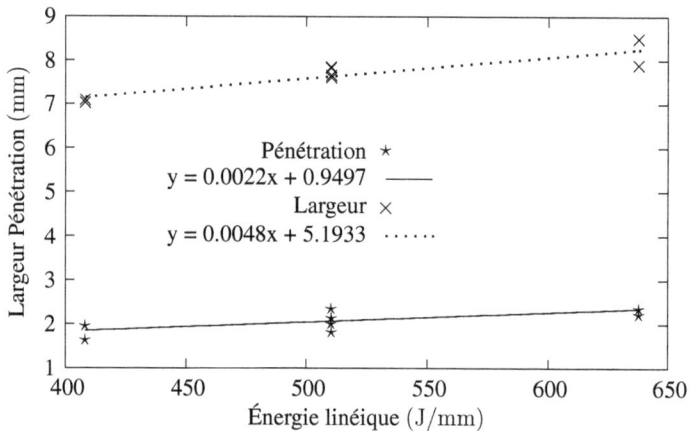

FIGURE 3.12 – Largeurs et pénétrations simulées en fonction de l'énergie linéique.

Facteurs	a_i	Lar (mm)	$Pé$ (mm)	$Pé/Lar$	Vol (mm³)
Cte	a_1	7,7	2,1	0,3	45,5
$\bar{X}_P$	a_2	-0,1	0,1	0,0	0,1
$\bar{X}_Q$	a_3	0,3	0,2	0,0	10,7
$\bar{X}_{u_s}$	a_4	-0,2	-0,1	0,0	-3,2
$\bar{X}_Q\bar{X}_P$	a_5	-0,1	-0,0	0,0	-1,8
$\bar{X}_{u_s}\bar{X}_P$	a_6	0,1	0,0	0,0	1,9
$\bar{X}_Q\bar{X}_{u_s}$	a_7	0,1	0,0	0,0	0,9
$\bar{X}_P\bar{X}_Q\bar{X}_{u_s}$	a_8	0,1	0,0	0,0	1,4

TABLE 3.6 – Coefficients a_k de l'équation de régression 3.8 pour la largeur (Lar), la pénétration ($Pé$) du bain, leurs rapports ($Pé/Lar$) et le volume du bain (Vol).

3.2.6 Influence de la pression d'arc

Dans le plan d'expérience, la pression d'arc varie de 20% entre son niveau bas (326 Pa) et haut (407 Pa). Les résultats du tableau 3.6 montrent que si la pression d'arc augmente la pénétration augmente d'autant que la largeur diminue tout en conservant le volume du bain. La pression d'arc contribue pour moins de 3% à la variation de largeur du bain mais pour plus de 30% à la pénétration, cf. tableau (3.7).

3.2 Plan d'expériences numériques portant sur les paramètres : flux de chaleur, pression d'arc et vitesse du soudage

Facteurs	Contributions des facteurs (%)			
	Lar	$Pé$	$Pé/Lar$	Vol
$\bar{X}_P$	2,8	33,1	75,4	0,0
$\bar{X}_Q$	57,9	53,4	23,2	85,5
$\bar{X}_{u_s}$	28,3	10,0	0,8	7,5
$\bar{X}_Q\bar{X}_P$	2,8	0,6	0,1	2,4
$\bar{X}_{u_s}\bar{X}_P$	2,1	1,0	0,3	2,7
$\bar{X}_Q\bar{X}_{u_s}$	1,7	0,8	0,2	0,6
$\bar{X}_P\bar{X}_Q\bar{X}_{u_s}$	4,5	1,2	0,0	1,4

TABLE 3.7 – Contributions des facteurs (en %) sur la largeur (Lar), la pénétration ($Pé$) du bain de soudage, le rapport ($Pé/Lar$) et le volume du bain fondu (Vol).

3.2.7 Influence de la vitesse du soudage

Dans le plan d'expérience la vitesse varie de 20% entre son niveau bas (12 cm·mn^{-1}) et haut (15 cm·mn^{-1}). Les résultats présentés dans le tableau 3.6 montrent que si la vitesse augmente, la pénétration et la largeur diminuent (mais deux fois plus), en conservant le volume du bain. La vitesse contribue pour moins de 10% à la variation de pénétration mais pour près de 30% à la largeur du bain, cf. tableau (3.7). La figure 3.13(a) montre les

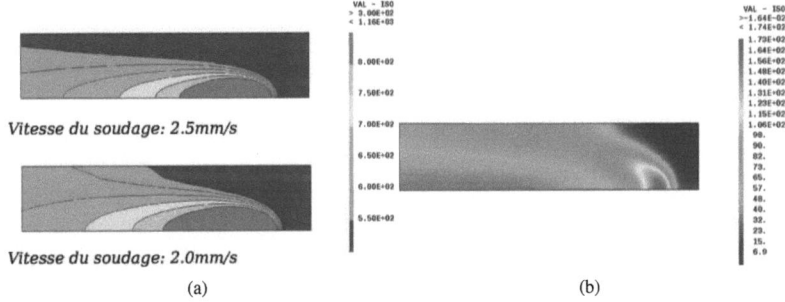

FIGURE 3.13 – Champ de température calculé à la surface inférieure de la pièce, pour deux vitesses de soudage (a) et différences entre ces champs (b).

deux champs de températures sur l'envers de la pièce avec les deux vitesses de soudage correspondant aux niveaux bas et haut du plan d'expérience. La figure 3.13(b) montre la différence de ces deux champs. Cette comparaison est réalisée sur la face envers car les formes de bains en face endroit étant différentes (surface libre déformable) le support des champs n'est pas le

3.2 Plan d'expériences numériques portant sur les paramètres : flux de chaleur, pression d'arc et vitesse du soudage

même et il n'est pas possible d'en faire la différence. Les différences de températures les plus importantes sont localisées en avant du front de fusion et autour de celui-ci (avec un maximum de 174 K). Quand la vitesse du soudage augmente, la taille du bain fondu diminue plus en largeur qu'en profondeur comme on peut le voir sur la figure 3.14(a), on voit aussi sur la coupe longitudinale présentée sur la figure 3.14(b) que la longueur globale du bain est diminuée.

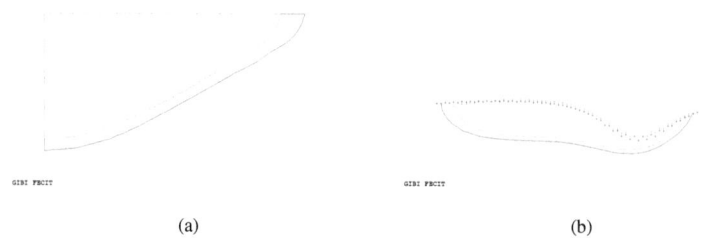

(a) (b)

FIGURE 3.14 – Coupes transversales (a) et longitudinales (b) pour les niveaux haut (contour orange) et bas (contour rouge) de la vitesse.

3.2.8 Influence du flux de chaleur imposé

Dans le plan d'expériences, le flux de chaleur varie de 20% entre son niveau bas (1 021 W) et haut (1 276W). Les résultats du tableau 3.6 montrent que si le flux de chaleur augmente, la pénétration, la largeur et donc le volume du bain fondu augmentent. Le flux de chaleur contribue également pour plus de 50% à la variation de pénétration et de largeur et pour plus de 80% à l'augmentation du volume du bain, cf. tableau (3.7). C'est le facteur qui domine l'accroissement des grandeurs caractéristiques du bain. La figure 3.15(a) montre les deux champs de température sur l'envers de la pièce avec les deux flux de chaleur correspondant aux niveaux bas et haut du plan d'expérience, tandis que la figure 3.15(b) montre les différences entre ces deux champs. Les différences de température les plus importantes sont localisées au niveau de l'axe de l'électrode (avec un maximum de 144 K). La partie amont n'est pas impactée, mais la partie aval

3.2 Plan d'expériences numériques portant sur les paramètres : flux de chaleur, pression d'arc et vitesse du soudage

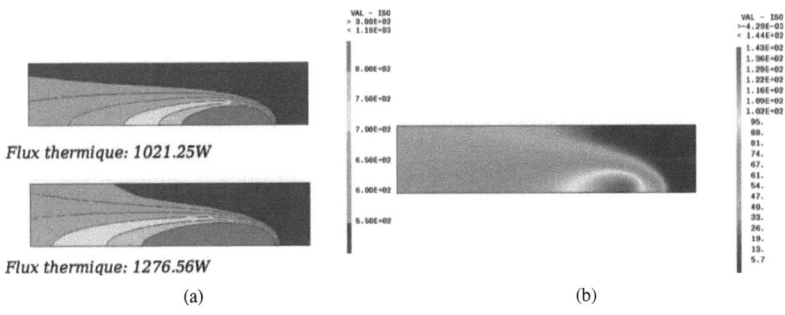

FIGURE 3.15 – Champ de température calculé à la surface inférieure de la pièce, pour deux valeurs du flux imposés (a) et différences entre ces champs (b).

est relativement influencée par une variation du flux de chaleur. Quand le flux de chaleur augmente, la taille du bain fondu augmente en largeur et en profondeur comme on peut le voir sur la figure 3.16(a), on voit aussi sur la coupe longitudinale présentée sur la figure 3.16(b) que la longueur globale du bain est fortement augmentée contribuant à une augmentation globale du volume fondu.

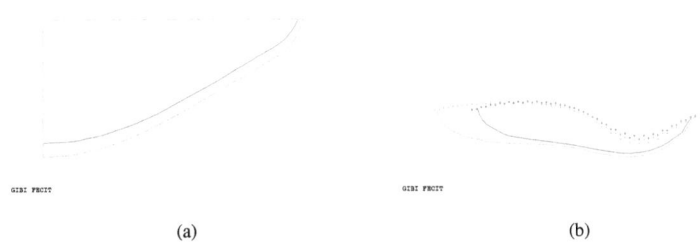

FIGURE 3.16 – Coupes transversales (a) et longitudinales (b) pour les niveaux haut (contour orange) et bas (contour rouge) du flux de chaleur.

3.2 Plan d'expériences numériques portant sur les paramètres : flux de chaleur, pression d'arc et vitesse du soudage

3.2.9 Influence de la surface libre déformable

3.2.9.1 Étude numérique.

Afin de comprendre l'influence de la surface libre sur les champs de température et de vitesses du métal fondu, deux simulations sont effectuées avec les paramètres du plan d'expérience : l'une où la surface libre est déformable et l'autre où elle ne l'est pas. La figure 3.18(a) montre les deux champs de température sur l'envers de la pièce obtenus dans les deux cas. La figure 3.18(b) montre la différences de ces deux champs. Les différences de températures les plus importantes sont localisées au niveau du bain fondu, vers l'avant de la torche (avec un maximum de 136 K). Le calcul avec surface libre a abouti a une forme de bain nettement plus allongée.

Les figures 3.17(a) et 3.17(b) montrent les champs de température en face endroit pour les deux cas. La figure 3.17(a) montre les champs de température et de vitesse calculés avec le modèle thermohydraulique qui tient compte de la déformation de la surface libre. La surface du bain fondu est fortement déformée par la pression d'arc au-dessous de la source, puis le métal fondu est poussé vers la partie arrière du bain par les effets combinés de toutes les forces motrices. À l'aval de la source de chaleur, la surface du bain présente moins de creusement en raison de la réduction de la pression de l'arc. En outre, l'accumulation du métal liquide dans la partie arrière est clairement représentée.

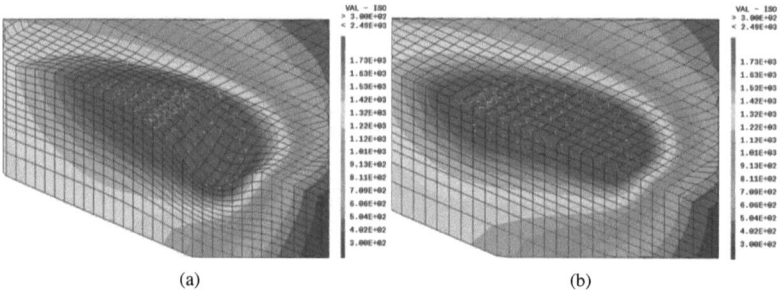

(a)   (b)

FIGURE 3.17 – Bain fondu calculé avec surface libre déformable (a) et sans deformation de surface libre (b).

Le tableau 3.8 résume les caractéristiques calculées du bain fondu, d'où il ressort que la température maximale dans le cas sans déformation de la

3.2 Plan d'expériences numériques portant sur les paramètres : flux de chaleur, pression d'arc et vitesse du soudage

surface libre est plus élevée de 220 K celle dans le cas avec surface libre. Lorsque la surface libre est prise en compte la vitesse du fluide est augmentée. Ce qui entraîne une redistribution de l'énergie et augmente le volume du bain de fusion (principalement en augmentant sa longueur et sa pénétration : la largeur restant inchangée) tout en réduisant la température maximale et modifie les champs de température.

Modèle	T_{max} (K)	u_{max} (m·s^{-1})	v_{max} (m·s^{-1})	w_{max} (m·s^{-1})	Vol (mm^3)
Surface libre	2486	0,31	0,32	0,15	70,6
Surface fixe	2706	0,18	0,23	0,06	51,7

TABLE 3.8 – Quelques grandeurs simulées avec et sans déformation de la surface libre.

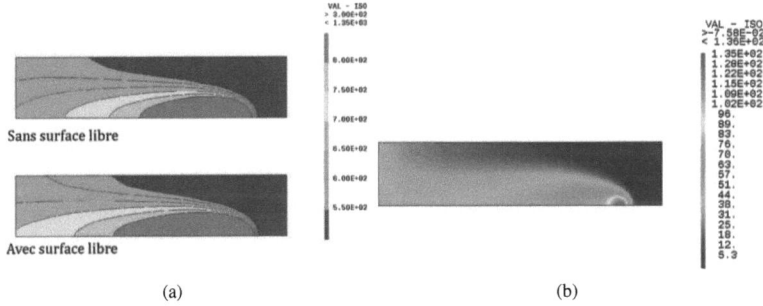

FIGURE 3.18 – Champ de température calculé à la surface inférieure de la pièce pour les cas avec et sans déformation de la surface libre (a), différences entre ces champs (b).

3.2.9.2 Comparaison avec une expérience.

Ici est présenté un essai réalisé dans le cadre de la thèse de Traida [84] consistant en la réalisation d'une ligne de fusion (figure 3.19(a)) sur une plaque en acier 316L de dimensions $200 \times 50 \times 6$ mm^3. Les paramètres opératoires sont une intensité de 150 A, une tension de 10 V, une hauteur d'arc de 2 mm et une vitesse de soudage de 15 cm·mn^{-1}. L'électrode est en tungstène avec un diamètre de 3,2 mm et un angle d'affûtage de 30 °. La buse est en céramique et de diamètre interne 16 mm. Le gaz de protection est de l'argon, injecté par la buse placée à 10 mm de la pointe de l'électrode avec un débit de 16 l·mn^{-1}.

3.2 Plan d'expériences numériques portant sur les paramètres : flux de chaleur, pression d'arc et vitesse du soudage

La géométrie du bain fondu obtenue expérimentalement est représentée en coupe macrographique transversale sur la figure 3.19(b). Nous avons aussi superposé à cette figure les limites des bains fondus que nous avons calculés avec et sans déformation de la surface libre. Comme le montre cette figure, la largeur du bain de fusion simulée en considérant la surface libre indéformable est plus large et la profondeur est plus petite que l'expérience. Lorsque la déformation de la surface libre est prise en compte, la forme et la pénétration du bain sont en meilleure adéquation avec l'expérience. Ce travail tend à confirmer qu'un modèle avec la surface libre déformable permet une meilleure prédiction de la forme du bain fondu.

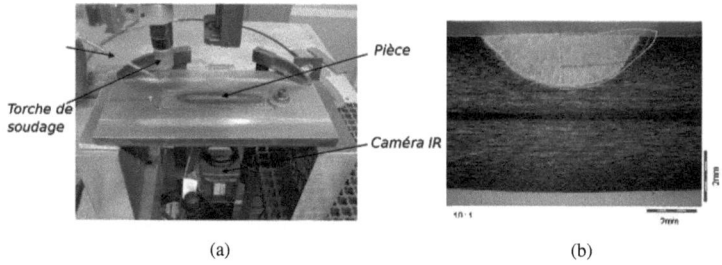

FIGURE 3.19 – (a) Montage expérimental de l'essai utilisé par Traida [84]. (b) Géométrie du bain fondu obtenue expérimentalement (en vert) et calculée sans surface libre déformable (contour rouge) et avec la surface libre déformable (contour orange).

3.2.10 Influence de la quantité de soufre

L'effet *Marangoni* est un effet dominant dans le bain du soudage et de plus le signe du coefficient de variation de tension de surface varie en fonction de la quantité de soufre. Les schémas 3.20 et 3.21 illustrent ces effets, ainsi une augmentation de la quantité de soufre doit conduire à augmentation de la pénétration. La figure 3.22(a) montre les deux champs de température sur l'envers de la pièce avec des quantités de soufre de 20 et 300 ppm et la figure 3.22(b) montre les différences de ces deux champs. Les différences de température en face envers sont localisées dans la zone fondue au niveau de l'axe de l'électrode (avec un maximum de 73 K). Le reste de la piéce est peu influencée, puisque les différences sont inférieures à 10 K. Une augmentation de la quantité de soufre ne conduit donc pas à une variation notable de la température en face envers. La figure 3.23

3.2 Plan d'expériences numériques portant sur les paramètres : flux de chaleur, pression d'arc et vitesse du soudage

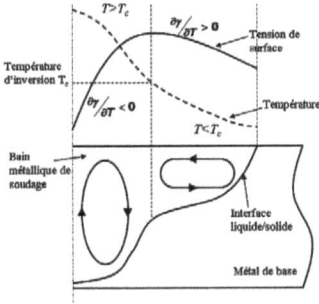

FIGURE 3.20 – L'effet des différents signes de la force *Marangoni*

FIGURE 3.21 – Influence de la quantité de soufre sur la tension de surface

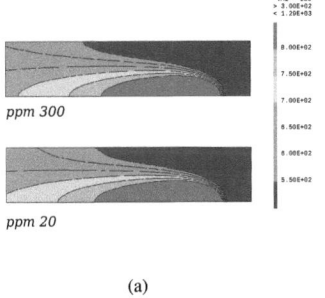
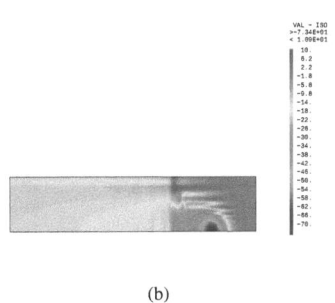

(a) (b)

FIGURE 3.22 – Champs de la température calculés à la surface inférieure de la pièce avec deux quantités de soufre différentes 20 et 30 ppm (a) et les différences entre ces champs (b).

présente les deux formes du bain obtenues suivant le plan longitudinal. La longueur derrière le bain fondu est plus courte pour le cas avec 300 ppm que pour le cas avec 20 ppm, en revanche, la pénétration est sensiblement plus importante, ce qui correspond bien au résultat attendu. Le tableau 3.9 donne quelques résultats caractéristiques des deux calculs. On constate que l'augmentation de la quantité de soufre conduit à une température maximale plus élevée de $150\,K$, que les vitesses maximales sont équivalentes, mais que le volume du bain augmente. La valeur de ce dernier a plus que doublé, une telle augmentation avait été obtenue pour les essais 3 et 5 du

3.2 Plan d'expériences numériques portant sur les paramètres : flux de chaleur, pression d'arc et vitesse du soudage

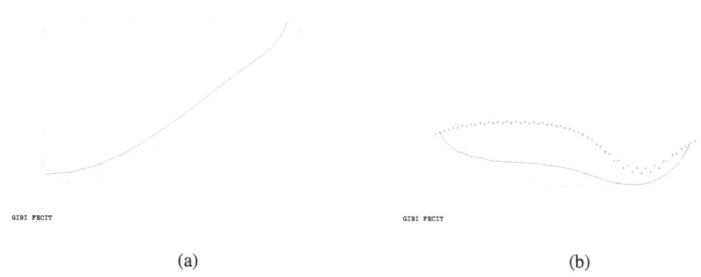

FIGURE 3.23 – Coupes transversales (a) et longitudinales (b) pour des quantités de soufre de 300 ppm (contour orange) et de 20 ppm (contour rouge).

plan d'expériences avec l'action combinée de la réduction de la vitesse et de l'augmentation du flux de chaleur (la pression d'arc n'ayant pas d'influence sur la variation du volume fondu).

Quantité (ppm)	T_{max} (K)	u_{max} (m·s^{-1})	v_{max} (m·s^{-1})	w_{max} (m·s^{-1})	Vol (mm^3)
300	2486,0	0,31	0,32	0,15	70,6
20	2335,5	0,36	0,28	0,20	33,8

TABLE 3.9 – Les géométries du bain avec la quantité de soufre de 20 ppm et de 300 ppm

Conclusions du chapitre 3

Dans ce chapitre, nous avons tenté d'apporter des éléments de vérification de notre modèle numérique, nous permettant à terme de simuler la partie thermohydraulique des procédés de soudage TIG. Ce travail a été réalisé en deux parties. La première concerne la vérification du modèle isotherme à surface libre déformable, que nous avons pu faire par rapport à des expériences de laboratoire. Celles-ci concernent la déformation de la surface d'une couche d'eau, initialement statique, par un jet d'air. Ces expériences ont été conduites en similitude avec des conditions opératoires caractéristiques du soudage TIG, tout en permettant des possibilités d'observation accrues, telles que l'acquisition du profil longitudinal de la surface libre du

3.2 Plan d'expériences numériques portant sur les paramètres : flux de chaleur, pression d'arc et vitesse du soudage

liquide.

La deuxième partie a consisté à faire varier les principaux paramètres qui interviennent dans les procédés de soudage TIG (tension, intensité, pression d'arc, concentration en soufre) et nous avons vérifié que les effets induits simulés étaient bien consistants avec les résultats attendus. Le modèle numérique reproduit convenablement les tendances d'évolution et nous avons en outre montré la pertinence de modéliser la déformation de la surface libre dans les configurations de soudage sous fortes intensités, qui engendrent des pressions d'arc élevées. Dans ces configurations la déformation de la surface libre joue est déterminante dans la redistribution de l'écoulement et de l'énergie dans le bain fondu, et de la forme du bain qui en résulte. Ces aspects sont abordés de manière beaucoup plus quantitative et dans une optique de validation sur un domaine opératoire au chapitre suivant.

Chapitre 4

Confrontation du modèle avec des expériences

Sommaire

Objectifs du chapitre 4	**87**
4.1 Domaine de validation	**87**
4.1.1 Le modèle de régression	88
4.1.2 Essais réalisés	88
4.2 Étude expérimentale de l'influence des paramètres opératoires	**90**
4.2.1 Résultats des essais réalisés	90
4.2.2 Influence de l'énergie linéique	92
4.2.3 Influence des facteurs quadratiques	92
4.2.4 Influence de l'intensité	93
4.2.5 Influence de la tension de soudage	93
4.2.6 Influence de la vitesse de soudage	94
4.3 Étude numérique de l'influence des paramètres opératoires	**94**
4.3.1 Modèle numérique	94
4.3.2 Résultats des simulations	95
4.3.3 Influence de l'énergie linéique	95
4.3.4 Influence des facteurs quadratiques	95
4.3.5 Influence de l'intensité	96
4.3.6 Influence de la tension de soudage	100
4.3.7 Influence de la vitesse de soudage	100
4.4 Comparaison expériences simulations	**100**
4.4.1 Comparaison sur les valeurs	100
4.4.2 Comparaison sur les effets	102
4.4.3 Calibration	102
4.4.4 Variations des résultats en fonction de l'énergie linéique	104
Conclusions du chapitre 4	**104**

Objectifs du chapitre 4

Après avoir vérifié le modèle nous allons étudier sa validité sur un domaine opératoire de soudage concernant trois facteurs : l'intensité du courant, la tension et la vitesse. Pour cela nous construisons un plan d'expériences (cf. 4.1) et nous intéressons à des grandeurs caractéristiques de la forme du bain de soudage, le volume du bain, la température maximale et la vitesse maximale du fluide. Des essais expérimentaux et leurs simulations idoines sont réalisés pour les différentes valeurs des facteurs définies dans ce plan d'expériences. Outre le fait de définir un domaine de validité au modèle cela permettra aussi d'étudier sa sensibilité aux paramètres opératoires et l'influence opératoire de ceux-ci sur les observables.

4.1 Domaine de validation

On considère un plan d'expériences à trois facteurs que sont l'intensité (I), la tension (U) et la vitesse du soudage (u_s) et à trois niveaux. Un plan factoriel complet de ce type nécessite $3^3 = 27$ expériences. Une analyse préliminaire par criblage a montré que l'on pouvait négliger les effets conjoints. Ainsi, nous pouvons ne considérer que les effets principaux et quadratiques et limiter à 9 le nombre de configurations à considérer. Nous obtenons donc le plan d'expérience fractionnaire suivant le tableau C.1. La hauteur d'arc varie en fonction du courant et de la tension, donc elle a été mesurée pour chaque essai et les valeurs sont reportées dans le tableau C.1.

Essais	$\bar{X}_I$	$\bar{X}_U$	$\bar{X}_{u_s}$	I (A)	U (V)	u_s (cm/mn)	h_{arc} (mm)	E_{lin} (J·mm^{-1})
1	-1	-1	-1	150	9	7	2.0	1056
2	0	-1	1	175	9	12	1.4	709
3	1	-1	0	200	9	9.5	1.1	968
4	-1	0	1	150	10	12	3.3	668
5	0	0	0	175	10	9.5	2.0	898
6	1	0	-1	200	10	7	2.0	1514
7	-1	1	0	150	11	9.5	5.0	851
8	0	1	-1	175	11	7	3.2	1377
9	1	1	1	200	11	12	2.4	911

TABLE 4.1 – Essais du plan d'expériences

4.1 Domaine de validation

4.1.1 Le modèle de régression

Le modèle de régression permet d'exprimer la variation d'une réponse en fonction de la variation des différents facteurs ($\bar{X}_I$, $\bar{X}_U$, $\bar{X}_{u_s}$). Pour le plan d'expériences factionnaire on utilise le modèle de régression polynomial avec ses paramètres linéaires a_k suivant :

$$y = a_1 + a_2\bar{X}_I + a_3\bar{X}_U + a_4\bar{X}_{u_s} + a_5\bar{X}_I^2 + a_6\bar{X}_U^2 + a_7\bar{X}_{u_s}^2 \qquad (4.1)$$

Où y représente la réponse, l'observable que l'on cherche à quantifier en fonction des facteurs testés. Ici les interactions sont négligées et on ne conserve que les effets principaux et quadratiques.

4.1.2 Essais réalisés

Les essais réalisés dans le cadre de ce plan d'expériences vont permettre d'évaluer expérimentalement l'influence des paramètres opératoires sur la géométrie du cordon de soudage et de fournir des observables pour la validation du modèle numérique développé. Ces essais, consiste en une ligne de fusion réalisée à plat avec une torche de soudage à l'arc TIG et sans dépôt.

4.1.2.1 Montage expérimental

Le dispositif expérimental utilisé est présenté sur la figure 4.1. Il est composé d'une torche mobile avec une électrode en tungstène de 3,2 mm de diamètre, d'une buse en céramique de 16 mm de diamètre interne. Le gaz de protection est de l'argon et est injecté par la buse placée à 8 mm de la pointe de l'électrode avec un débit de 16 l·min^{-1}. La ligne de fusion est réalisée à plat sur une plaque en acier 316L de 8 mm d'épaisseur, de 60 mm de largeur et de 200 mm de longueur, contenant en particulier 10 ppm de soufre (bas soufre). Une caméra a été placée dans le voisinage du montage de manière à observer la forme de l'arc. Afin de conserver l'énergie constante au cours de l'opération de soudage, la hauteur de l'arc s'ajuste automatiquement en fonction des paramètres opératoires du procédé du soudage ; elle mesurée à la fin de chaque ligne de fusion. Les valeurs des paramètres opératoires sont données dans le tableau C.1.

4.1 Domaine de validation

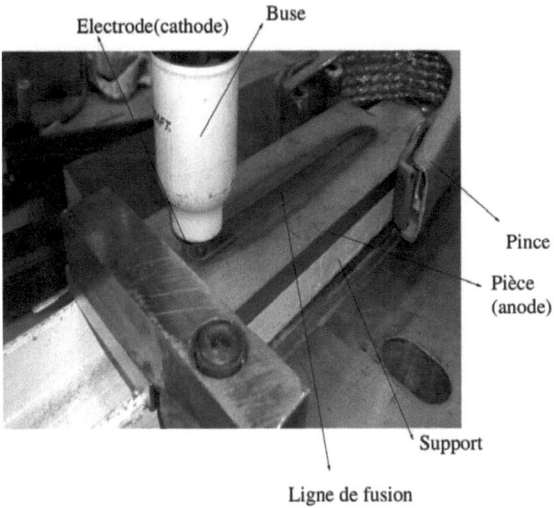

FIGURE 4.1 – Montage expérimental de l'essai

4.1.2.2 Vérification des symétries du problème

Le modèle *2D* axisymétrique sans défilement de Michel Brochard [5] est utilisé pour fournir les flux apportés par l'arc en entrée de notre simulation *3D* du bain de soudage. Les distributions de flux *2D* sont étendus en *3D* par révolution autour de l'axe de l'électrode. Dans le modèle *3D* la torche est mobile nous cherchons donc à vérifier que les flux restent bien axisymétriques dans ce cas.

La symétrie de la forme de l'arc Pour vérifier que l'arc reste axisymétrique avec le déplacement de la torche, on réalise plusieurs essais couplés avec une caméra fixée sur la torche et placée transversalement à sa trajectoire pour différentes vitesses de soudage. Les images 4.2(a)-4.2(c) sont réalisées avec trois différents temps d'exposition $40\,\text{ms}$, $20\,\text{ms}$, $10\,\text{ms}$ pour montrer que les différentes formes rayonnement du plasma d'arc restent axisymétriques. Sur la figure 4.2(a) une ligne rouge est centrée sur l'axe de l'électrode, ce qui permet par analyse d'image de calculer l'aire de chaque côté de l'axe de l'électrode. On définie un facteur de symétrie F_s qui nous permettra d'évaluer la dissymétrie induite par le déplacement de la torche de soudage. Ce facteur est calculée avec l'équation suivante :

$$F_{symtrie} = \frac{|A_L - A_R|}{A_L + A_R} \qquad (4.2)$$

Dans l'équation 4.2 A_L et A_R représentent respectivement l'aire de la partie gauche et droite de l'arc par rapport à la ligne rouge. Le facteur F_s est compris entre les valeurs 0 et 1, une valeur proche de 1 indique une asymétrie a contrario une valeur proche de zéro indique une parfaite symétrie. On trouve que le rayonnement de l'arc reste symétrique en dépit du déplacement de la torche. Ce résultat très intéressant nous conforte dans l'idée d'une approche qui consiste à calculer l'arc en *2D* axisymétrique pour fournir les chargements pour les calculs *3D* d'écoulements dans le bain de fusion.

La symétrie de la forme du bain   La vérification de la symétrie du bain fondu a été réalisée sur un essai préliminaire de 175 A pour une tension de 11 V et une vitesse de soudage 7 cm·min^{-1}. La coupe macrographique de cet essai est présentée sur la figure 4.2(d), on calcule ensuite la facteur de symétrie qui montre une légère dissymétrie. Toutes les macrographies et leurs facteurs de symétrie sont présentées dans l'annexe C.

4.2 Étude expérimentale de l'influence des paramètres opératoires

4.2.1 Résultats des essais réalisés

Les 9 essais du plan d'expériences défini par le tableau 4.2 ont été réalisés au laboratoire CEA-LTA. Trois coupes métallographiques transversales sont systématiquement réalisées pour chaque essais dans la partie courante de la ligne de fusion. Les macrographies obtenues sont présentées dans l'annexe C. Elles permettent d'obtenir les dimensions caractéristiques du bain fondu solidifié : la largeur, la pénétration et l'aire répertoriées dans le tableau 4.2.

Les formes de bain présentent une légère dissymétrie il a fallu faire un choix pour le calcul de la pénétration et de la largeur. La largeur a été considéré comme étant la distance séparant les deux points extrèmes à la surface de la zone fondue et la pénétration a été mesurée à la position de

4.2 Étude expérimentale de l'influence des paramètres opératoires

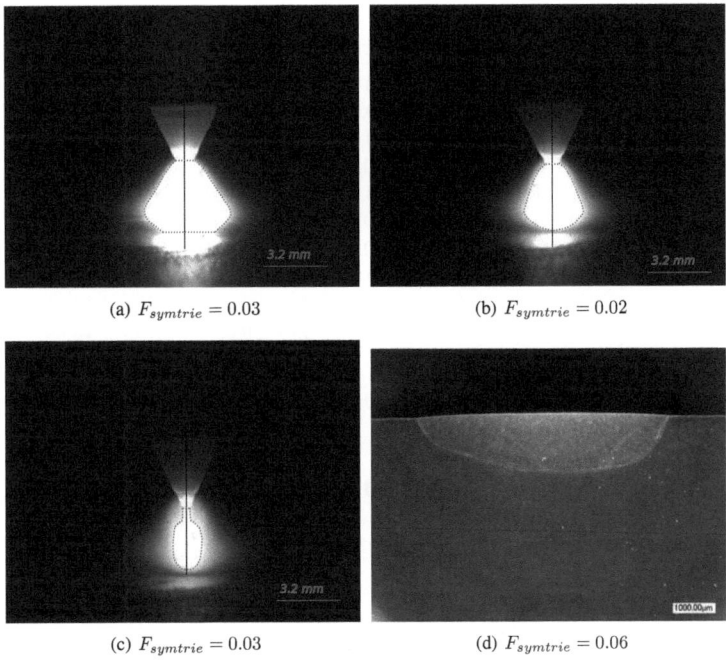

(a) $F_{symtrie} = 0.03$ (b) $F_{symtrie} = 0.02$

(c) $F_{symtrie} = 0.03$ (d) $F_{symtrie} = 0.06$

FIGURE 4.2 – Forme du rayonnement de l'arc pour trois temps d'exposition de (a) 40 ms, (b) 20 ms, (c) 10 ms et la macrographie de l'essai 6 (d).

demi largeur et par rapport à la face endroit non déformée.

Le rapport $Pé/Lar$ référencé dans ce même tableau, est le rapport entre la pénétration et la largeur du bain, l'aire Ai représente l'aire de la partie fondue.

Le domaine opératoire est suffisamment grand car nous obtenons des amplitudes de variations pour la largeur du bain de plus de 50%, pour la pénétration de plus de 30% et pour l'aire de plus de 90%. L'écart type des mesures est respectivement de 1,6 mm, 0,3 mm et 5,5 mm^2 pour la largeur la pénétration et l'aire contre 0,09 mm, 0,05 mm et 0,3 mm^2 pour l'incertitude de mesures. La variation des mesures est donc significative devant l'erreur de mesure, mais représente tout même près de 15% pour la pénétration.

4.2 Étude expérimentale de l'influence des paramètres opératoires

				Valeurs expérimentales				
Essais	$\bar{X}_I$	$\bar{X}_U$	$\bar{X}_{u_s}$	Lar (mm)	Pé (mm)	Pé/Lar	Ai (mm^2)	E_{lin} (J·mm^{-1})
1	-1	-1	-1	8,85 ±0,03	2,34 ±0,12	0,26	16,56 ±0,38	1056
2	0	-1	1	9,17 ±0,11	1,99 ±0,03	0,21	15,01 ±0,11	709
3	1	-1	0	10,70 ±0,10	2,18 ±0,05	0,20	20,27 ±0,20	968
4	-1	0	1	7,71 ±0,10	1,88 ±0,02	0,24	11,38 ±0,20	668
5	0	0	0	10,17 ±0,04	2,32 ±0,10	0,23	17,90 ±0,10	898
6	1	0	-1	12,79 ±0,15	2,58 ±0,02	0,20	28,41 ±0,58	1514
7	-1	1	0	8,28 ±0,08	1,91 ±0,02	0,23	12,22 ±0,18	851
8	0	1	-1	11,56 ±0,14	2,61 ±0,04	0,23	24,34 ±0,60	1377
9	1	1	1	10,73 ±0,10	2,07 ±0,05	0,19	18,64 ±0,34	911

TABLE 4.2 – Valeurs expérimentales de la largeur (Lar), pénétration ($Pé$) du bain, rapport ($Pé/Lar$) et l'aire (Ai).

4.2.2 Influence de l'énergie linéique

		Valeurs expérimentales			
Facteurs	a_i	Lar	Pé	Pé/Lar	Ai
Cte	a_1	10,25	2,29	0,23	18,50
$\bar{X}_I$	a_2	0,06	0,00	0,00	0,18
$\bar{X}_U$	a_3	0,31	0,01	-0,01	0,56
$\bar{X}_{u_s}$	a_4	-0,37	-0,11	0,0	-1,62
$\bar{X}_I^2$	a_5	-0,00	0,00	0,00	0,00
$\bar{X}_U^2$	a_6	-0,34	-0,08	0,00	-1,39
$\bar{X}_{u_s}^2$	a_7	0,07	0,02	0,00	0,36
Écart-type résiduel		0,14	0,08	0.02	0,91

TABLE 4.3 – Coefficients a_k de l'équation de régression 4.1 pour les valeurs expérimentales de la largeur (Lar), la pénétration ($Pé$) du bain, leurs rapports $Pé/Lar$ et l'aire (Ai).

On observe expérimentalement (figures 4.7(a) et 4.7(b)) que la largeur, la pénétration sont globalement des fonctions croissantes de l'énergie linéique.

4.2.3 Influence des facteurs quadratiques

Le tableau 4.3 donne tous les coefficients a_k pour l'équation de régression. a_1 est une constante, a_2, a_3 et a_4 représentent respectivement les effets principaux des facteurs intensité (I), tension (U) et vitesse de soudage

4.2 Étude expérimentale de l'influence des paramètres opératoires

Facteurs	Valeurs expérimentales Contributions des facteurs (en %)			
	Lar	$Pé$	$Pé/Lar$	Ai
$\bar{X}_I$	68	14	56	51
$\bar{X}_U$	3	0	12	1
$\bar{X}_{u_s}$	24	71	12	41
$\bar{X}_I^2$	2	7	0	1
$\bar{X}_U^2$	1	2	0	2
$\bar{X}_{u_s}^2$	2	4	4	4
Écart-type résiduel	0	2	17	1

TABLE 4.4 – Contributions des effets des facteurs (en %) pour les valeurs expérimentales : largeur Lar, pénétration $Pé$ du bain de soudage, rapport $Pé/Lar$ et l'aire Ai.

(u_s). Les coefficients a_5, a_6 et a_7 représentent les effets quadratiques de ces même facteurs. Le tableau des contributions des facteurs (table 4.4) montre que ces effets quadratiques ont des valeurs inférieures à 8%, et sont négligeables devant les contributions des effets principaux.

4.2.4 Influence de l'intensité

Dans le plan d'expérience l'intensité varie d'environ 10% autour de son niveau central 175 A. Les résultats du tableau 4.3 montrent que dans le domaine considéré l'intensité a peu d'effet sur la forme du bain comparé aux autres facteurs. Ce résultat semble contradictoire avec celui du paragraphe 3.2.8 car une augmentation de l'intensité devrait conduire à une augmentation du flux de chaleur transmis à la pièce. Cependant, l'intensité contribue à plus de 68% sur la largeur du cordon, à 14% sur la pénétration et à 55% sur l'aire. La largeur du cordon est donc ici principalement liée à l'intensité.

4.2.5 Influence de la tension de soudage

Dans le plan d'expérience la tension varie d'environ 7% autour de son niveau central 10 V. Les résultats du tableau 4.3 montrent que si la tension augmente la largeur augmente fortement et la pénétration augmente sensiblement. En revanche dans la configuration opératoire considérée il apparait que la tension contribue de manière peu significative sur la largeur la pénétration et l'aire.

4.2.6 Influence de la vitesse de soudage

Dans le plan d'expérience la vitesse varie d'environ 18% autour de son niveau central $9,5\,\text{cm}\cdot\text{min}^{-1}$. Les résultats du tableau 4.3 montrent que si la vitesse augmente la pénétration et la largeur diminuent. La vitesse contribue (4.4) pour plus de 70% à la variation de pénétration et pour près de 25% à la largeur du bain. Ce résultat va dans le même sens que ce qui a été obtenu précédement dans le paragraphe 3.2.7. À l'instar de l'intensité pour la largeur du bain la vitesse explique presque à elle seule la pénétration.

4.3 Étude numérique de l'influence des paramètres opératoires

L'étude numérique est menée sur la configuration expérimentale précédente qui est présentée sur la figure 2.2. Les paramètres opératoires l'intensité I, la tension U et la vitesse du soudage u_s varient selon le plan d'expérience précédent. Le modèle numérique employé est celui présenté au paragraphe 4.3.1.

4.3.1 Modèle numérique

4.3.1.1 Modèle adopté pour l' arc

Nous utilisons le modèle de Michel Brochard [5] pour fournir les sources de flux de chaleur et de pression d'arc qui seront ajoutés dans le modèle *3D bain*. On suppose ici que la forme de la distribution est *Gaussienne*, les résultats sont listés dans le tableau 4.5. σ_{flux} et σ_p représentent respectivement le rayon caractéristique du flux de chaleur et de la pression d'arc.

4.3.1.2 Modèle d'écoulement dans le bain

Le maillage utilisé est montré dans la figure 4.3(a), il comprend 20 048 éléments et est composé de trois parties : la zone fondue qui est la plus raffinée, une zone de transition et le reste de la pièce maillé plus grossièrement. La taille du plus petit élément est d'environ $0,2\,\text{mm}$.

4.3 Étude numérique de l'influence des paramètres opératoires

Essais	Flux (W)	σ_{Flux} (mm)	Pression (Pa)	$\sigma_{Pression}$ (mm)	E_{lin} (J·mm^{-1})
1	1232	1.69	435.4	1.18	1056
2	1418	1.45	638.4	1.18	709
3	1613	1.38	839.3	1.15	968
4	1336	2.09	401.0	1.34	668
5	1496	1.78	627.3	1.21	898
6	1767	1.70	852.5	1.20	1514
7	1419	2.40	342.0	1.47	851
8	1607	2.00	608.4	1.27	1377
9	1823	1.84	864.0	1.20	911

TABLE 4.5 – Flux de chaleur et pression d'arc simulés avec le modèle de Brochard [5].

4.3.1.3 Propriétés physiques utilisées

Les propriétés thermophysiques de l'acier 316L sont tirées de travaux de Kim [43] et leurs évolutions par rapport à la température sont tracées sur les figures 4.4. Les autres propriétés thermophysiques utilisées sont listées dans le tableau 4.6. L'évolution de $\frac{\partial \gamma}{\partial T}$ utilisée en fonction de la température est présentée sur la figure 4.5.

4.3.2 Résultats des simulations

Les largeurs et pénétrations simulées sont présentées dans le tableau 4.7. L'amplitude de variation de la largeur est d'environ 30%, celle de la pénétration est nettement supérieure et dépasse 85%. Ceci est d'emblée très différent de ce qui a été obtenu expérimentalement, ce qui semble montrer que dans le domaine de variation choisi les facteurs ont eu des influences différentes et antagonistes sur les observables que dans l'expérience.

4.3.3 Influence de l'énergie linéique

On observe sur les figures 4.7(a) et 4.7(b) que la largeur et la pénétration sont bien des fonctions croissantes de l'énergie linéique.

4.3.4 Influence des facteurs quadratiques

Le tableau 4.8 donne tous les coefficients a_k pour l'équation de régression. Le tableau des contributions des facteurs (table 4.9) montre que ces

4.3 Étude numérique de l'influence des paramètres opératoires

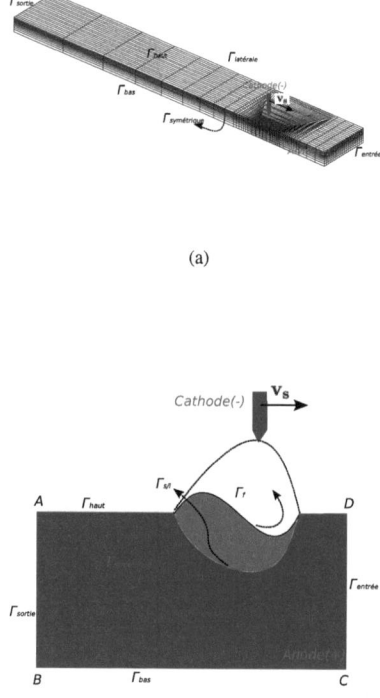

FIGURE 4.3 – La configuration et le maillage utilisés pour les simulations.

effets quadratiques ont des valeurs inférieures à 5%, et sont négligeables devant les contributions des effets principaux.

4.3.5 Influence de l'intensité

Dans le plan d'expérience l'intensité varie d'environ 10% autour de son niveau central 175 A. Le tableau 4.9 montre que l'intensité contribue forte-

4.3 Étude numérique de l'influence des paramètres opératoires

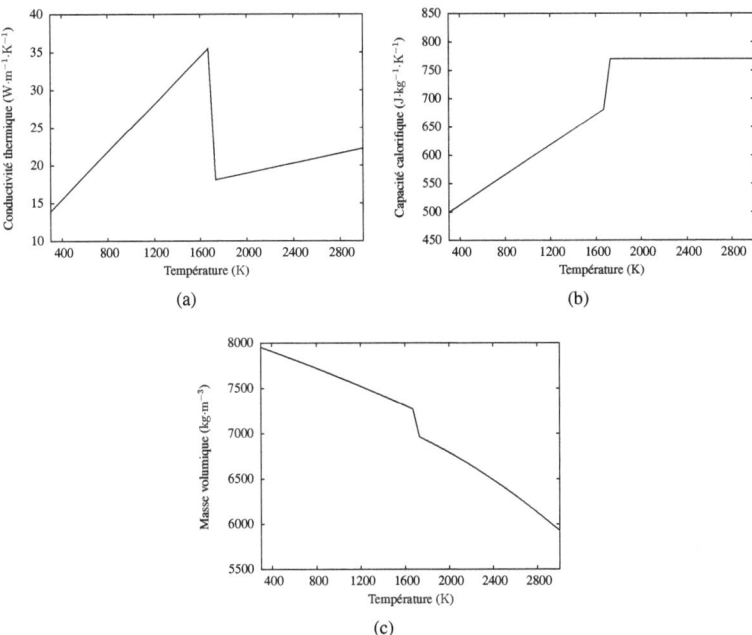

FIGURE 4.4 – Évolutions en fonction de la température (K) de : (a) la conductivité thermique (W·m^{-1}·K^{-1}), (b) la capacité calorifique (J·kg^{-1}·K^{-1}), (c) la masse volumique (kg·m^{-3}) pour l'acier 316L [43]

4.3 Étude numérique de l'influence des paramètres opératoires

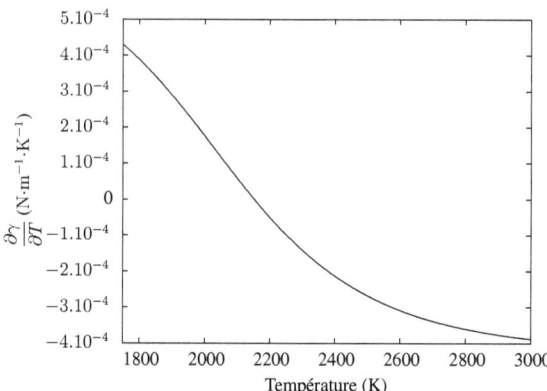

FIGURE 4.5 – Évolution de $\frac{\partial \gamma}{\partial T}$ (N·m^{-1}·K^{-1}) en fonction de la température (K) pour 300 ppm de soufre.

Température de référence	$T_{\text{réf}} = 2000$ K
Masse volumique de référence	$\rho_{\text{réf}} = 6791$ kg·m^3
Coefficient de dilatabilité	$\beta = 3{,}078.10^{-5}$ K^{-1} [43]
Température du solidus de l'acier	$T_s = 1670$ K [43]
Température du liquidus de l'acier	$T_l = 1730$ K [43]
Température ambiante	$T_\infty = 300$ K
Conductivité électrique	$7{,}7.10^5$ S·m^{-1} [18]
Viscosité dynamique	3.10^{-2} kg·m^{-1}·s^{-1} [18]
Travail de sortie de l'anode en acier 316L	$\phi_a = 4{,}7$ V [47]
Émissivité	0.4 [35]
Opposé de $\partial \gamma / \partial T$ pour le fer pur	$A_g = 4{,}3.10^{-4}$ N·m^{-1}·K^{-1} [73]
Paramètre k_1	$k_1 = 3{,}18.10^{-3}$ [73]
Enthalpie standard d'adsorption	$\Delta H^0 = -1{,}66.10^5$ J·mol^{-1} [73]
Excès de concentration en surface à saturation	$\Gamma_s = 1{,}3.10^{-5}$ mol·m^{-2} [73]
Teneur en soufre	$a_k = 0.001$ (10 ppm)
Coefficient de convection	$h_c = 80$ W·m^2·K^{-4}
Émissivité de radiation	$\epsilon = 0.4$
Chaleur latente	$L = 2{,}47 \times 10-5$ J·kg^{-1}
Épaisseur de la pièce	$H = 6 \times 10^{-3}$ m
Largeur de la pièce	$W = 5 \times 10^{-2}$ m
Longueur de la pièce	$L = 2 \times 10^{-1}$ m

TABLE 4.6 – Propriétés physiques utilisées pour les simulations numériques

ment à la pénétration du bain (plus de 95%) mais faiblement sur la largeur

4.3 Étude numérique de l'influence des paramètres opératoires

Essais	Valeurs simulées		
	Lar (mm)	$Pé$ (mm)	$Pé/L$
1	8,4	2,92	0,35
2	7,2	4,10	0,57
3	7,0	5,58	0,80
4	8,4	2,21	0,26
5	8,4	4,15	0,49
6	9,8	5,41	0,55
7	9,6	2,13	0,22
8	9,8	4,15	0,42
9	8,4	5,26	0,63

TABLE 4.7 – Valeurs simulées de la largeur Lar (mm), pénétration $Pé$ (mm) du bain, et le rapport $Pé/Lar$.

Facteurs	a_i	Valeurs simulées		
		Lar	$Pé$	$Pé/Lar$
Cte	a_1	8,56	4,03	0,48
$\bar{X}_I$	a_2	-0,01	0,06	0,01
$\bar{X}_U$	a_3	0,87	-0,1	-0,08
$\bar{X}_{u_s}$	a_4	-0,27	-0,0	0,01
$\bar{X}_I^2$	a_5	0,00	0,00	0,00
$\bar{X}_U^2$	a_6	-0,47	0,10	0,07
$\bar{X}_{u_s}^2$	a_7	0,05	0,01	-0,01
Écart-type résiduel		0,47	0,20	0,05

TABLE 4.8 – Coefficients a_k de l'équation $y = a_1 + a_2\bar{X}_I + a_3\bar{X}_U + a_4\bar{X}_{u_s} + a_5\bar{X}_I^2 + a_6\bar{X}_U^2 + a_7\bar{X}_{u_s}^2$ pour différentes réponses simulées : largeur (Lar) et pénétration ($Pé$) du bain et le rapport $Pé/Lar$.

Facteurs	Valeurs simulées Contributions des facteurs (en %)		
	Lar	$Pé$	$Pé/Lar$
$\bar{X}_I$	3	96	80
$\bar{X}_U$	53	1	12
$\bar{X}_{u_s}$	31	1	1
$\bar{X}_I^2$	0	1	0
$\bar{X}_U^2$	5	0	3
$\bar{X}_{u_s}^2$	3	0	1
Écart-type résiduel	5	1	1

TABLE 4.9 – Contributions des effets des facteurs (en %) sur les valeurs simulées de la largeur Lar, la pénétration $Pé$ du bain de soudage, le rapport $Pé/Lar$.

du bain moins de 3%.

4.3.6 Influence de la tension de soudage

Dans le plan d'expérience la tension varie d'environ 7% autour de son niveau central 10 V. Les résultats du tableau 4.8 qu'une augmentation de la tension de soudage entraîne une augmentation importante de la largeur et une diminution sensible de la pénétration du bain fondu. Cependant, le tableau 4.9 montre que la tension de soudage contribue faiblement sur la pénétration moins de 1% mais fortement sur la largeur avec plus de 50%.

4.3.7 Influence de la vitesse de soudage

Dans le plan d'expérience la vitesse varie d'environ 18% autour de son niveau central $9,5\,\text{cm·min}^{-1}$. Les résultats du tableau 4.8 montrent que si la vitesse augmente la pénétration et la largeur diminuent. La vitesse contribue (4.9) pour plus de 30% à la variation de la largeur du bain mais pour moins de 2% sur la pénétration.

4.4 Comparaison expériences simulations

La confrontation entre les expériences et les simulations idoines est réalisée sur les grandeurs caractéristiques des géométries de bain observables et qui sont d'intérêts pour le soudeur, à savoir la pénétration et la largeur. Cette étude a été mené par un plan d'expériences sur un domaine de variation des facteurs intensité, tension et vitesse de la configuration de soudage. L'intérêt d'avoir mené un plan d'expériences est que cela permet de construire des méta-modèle des observables en fonctions des facteurs et d'en tirer les effets et contributions. La confrontation est donc réalisée sur deux ordres le premier est les valeurs quantitatives des observables et le deuxième les effets des facteurs sur ces valeurs. Ceci permet donc d'évaluer si le modèle est en adéquation avec les mesures mais de surcroît aussi s'il rend bien compte des effets physiques des paramètres opératoires.

4.4.1 Comparaison sur les valeurs

Le tableau 4.10 recense les largeurs, les pénétrations et les rapports $Pé/Lar$ des bains de soudage simulés et mesurés pour les essais du plan

4.4 Comparaison expériences simulations

Essais	Valeurs expérimentales et simulées			
	Lar (mm)		$Pé$ (mm)	
	exp	num	exp	num
1	8,85	8,4	2,34	2,92
2	9,17	7,2	1,99	4,10
3	10,70	7,0	2,18	5,58
4	7,71	8,4	1,88	2,21
6	12,79	9,8	2,58	5,41
5	10,17	8,4	2,32	4,15
7	8,28	9,6	1,91	2,13
8	11,56	9,8	2,61	4,15
9	10,73	8,4	2,07	5,26
Sr_O	19%		81%	

TABLE 4.10 – Valeurs expérimentales et simulées de la largeur Lar (mm) et de la pénétration $Pé$ (mm) du bain pour les essais du plan d'expériences.

d'expériences. Pour quantifier l'écart entre les simulations et les expériences on défini pour une observable O la grandeur sous forme de pourcentage des valeurs mesurées avec Sr_O. vPour la largeur du bain de soudage, on obtient un écart de près de 19%. Cet écart est faible, la prédiction de la largeur du bain par notre modèle peut être jugée satisfaisante d'autant que l'amplitude de variation de la largeur du bain dans ce plan d'expérience était de l'ordre de 50%.

La pénétration du bain de soudage est nettement surestimée pour la majorité des essais avec un écart supérieur à 80% : presque le double ! Une raison possible de cette mauvaise prédiction de la pénétration se situe au niveau de la valeur de la pression d'arc. En effet, si l'on se concentre sur les essais avec une valeur de courant faible, on trouve un écart beaucoup plus faible : 9.9% pour la largeur et 18% pour la pénétration. En effet, dans notre modèle 2D arc-bain, la surface est supposée fixe, la distance entre le cathode et la surface est sous-estimée, ce qui induit une pression d'arc sur-estimée. La pression d'arc augmente nettement en fonction de l'augmentation du courant, donc l'erreur imposée par la pression est plus importante pour les courants élevés. Par exemple, la pression d'arc maximale pour une intansité de $200\,\text{A}$ une tension de $12\,\text{V}$ et une vitesse de $12\,\text{cm/mn}$ peut atteindre plus de $800\,\text{Pa}$. Cependant, cette hypothèse est à nuancée par le fait que le modèle utilisée ne tient pas compte des forces de Lorentz qui ont aussi un effet dominant sur l'écoulement pour les fortes intensités de courant.

4.4 Comparaison expériences simulations

4.4.2 Comparaison sur les effets

Le tableau 4.11 donne les comparaisons sur les effets expérimentaux et simulés des paramètres sur les observables. Comme pour les valeurs les effets observés expérimentalement sont mal représentés par notre modèle dans le domaine opératoire considéré. Là aussi c'est la largeur du bain qui est le mieux corrélée avec l'expérience avec un écart de 26% ; pour la pénétration l'écart est plus du double avec une valeur de 104%.

Effets expérimentaux et simulés				
		Lar (mm)		$Pé$ (mm)	
Facteurs	a_i	exp	num	exp	num
Cte	a_1	10,25	8,56	2,29	4,03
$\bar{X}_I$	a_2	0,06	-0,01	0,00	0,06
$\bar{X}_U$	a_3	0,31	0,87	0,01	-0,18
$\bar{X}_{u_s}$	a_4	-0,37	-0,27	-0,11	-0,06
$\bar{X}_I^2$	a_5	0,00	0,00	0,00	0,00
$\bar{X}_U^2$	a_6	-0,34	-0,47	-0,08	0,10
$\bar{X}_{u_s}^2$	a_7	0,07	0,05	0,02	0,01
Sr_O		26%		104%	

TABLE 4.11 – Effets expérimentaux et simulés de la largeur Lar (mm) et de la pénétration $Pé$ (mm) du bain pour les essais du plan d'expériences.

4.4.3 Calibration

Pour tester l'hypothèse sur la pression d'arc nous réalisons de nouvelles simulations sur le même plan d'expériences mais avec une diminution de 50% de la pression d'arc, puis recomparons les résultats numériques avec les expériences, les valeurs sons données dans le tableau 4.12. Pour la largeur et la pénétration du bain de soudage, on obtient respectivement 8% et 14% après la calibration de notre modèle contre les 19% et 81% de départ. Ces écarts sur les valeurs sont relativement faibles. De plus, nous comparons à nouveau les écarts sur les effets, qui sont donnés dans le tableau 4.13, et nous constatons une franche réduction des écarts et passons de 26% à 13% et de 104% à 19% ce qui est nettement amélioré.

Pour tenir compte dans cette comparaison des incertitudes de mesures nous avons comparé toutes les largeurs expérimentales (les valeurs des trois coupes métallographiques pour chaque essais) et numériques dans

4.4 Comparaison expériences simulations

	Valeurs expérimentales et simulées après calibration			
	Lar (mm)		$Pé$ (mm)	
Essais	exp	num'	exp	num'
1	8,85	9,52	2,34	2,01
2	9,17	8,22	1,99	2,19
3	10,70	9,28	2,18	2,94
4	7,71	8,56	1,88	1,58
5	10,17	9,28	2,32	2,30
6	12,79	12,22	2,58	3,39
7	8,28	9,72	1,91	1,69
8	11,56	11,3	2,61	2,57
9	10,73	10,16	2,07	2,25
Sr_O	8%		14%	

TABLE 4.12 – Valeurs expérimentales et simulées de la largeur Lar (mm) et de la pénétration $Pé$ (mm) du bain pour les essais du plan d'expériences après calibration.

		Effets expérimentaux et simulés après calibration			
		Lar (mm)		$Pé$ (mm)	
Facteurs	a_i	exp	num'	exp	num'
Cte	a_1	10,25	9,43	2,29	2,44
$\bar{X}_I$	a_2	0,06	0,03	0,00	0,02
$\bar{X}_U$	a_3	0,31	0,69	0,01	-0,11
$\bar{X}_{u_s}$	a_4	-0,37	-0,41	-0,11	-0,13
$\bar{X}_I^2$	a_5	0,00	0,00	0,00	0,00
$\bar{X}_U^2$	a_6	-0,34	-0,32	-0,08	-0,15
$\bar{X}_{u_s}^2$	a_7	0,07	0,09	0,02	0,00
Sr_O		13%		19%	

TABLE 4.13 – Effets expérimentaux et simulés de la largeur Lar (mm) et de la pénétration $Pé$ (mm) du bain pour les essais du plan d'expériences après calibration.

la figure 4.6(a), les pénétrations numériques et expérimentales dans la figure 4.6(b). Avant calibration, on confirme que les largeurs simulées sont bien corrélées avec les mesures (contrairement aux pénétrations où les valeurs simulées sont en moyenne le double des valeurs mesurées). Après diminution de 50% de la pression d'arc, les résultats numériques sont bien corrélés tant pour la pénétration que pour la largeur. Ce résultat montre que pour bien représenter les grandeurs caractéristiques du bain fondu avec notre modèle dans le domaine opératoire de ce plan d'expérience on peut réduire de moitié la pression d'arc estimé par le modèle *2D arc-bain* de M. Brochard [5]. Même si les hypothèses de base de ce modèle militent

4.4 Comparaison expériences simulations

pour une sur-estimation de la valeur de la pression d'arc simulée, cette calibration ne remet pas en cause ce modèle car les forces de Lorentz qui jouent un rôle domianat dans le cas de fortes intensités non pas été prises en compte. Pour aller plus loin il faudrait dans un premier temps refaire des essais dans une gamlme opératoire pemettant de négliger les forces de Lorentz, ce qui pourra faire l'objet d'un travail futur.

4.4.4 Variations des résultats en fonction de l'énergie linéique

L'énergie linéique est une quantité intéressante pour le soudeur, elle caractérise la quantité d'énergie déposée par unité de longueur. Il est attendu qu'une augmentation de l'énergie linéique aille de paire avec une augmentation de la taille du bain. Sur les figures 4.7(a) et 4.7(b) nous avons respectivement tracé les largeurs et pénétrations expérimentales et numériques (avant et après calibration) en fonction de l'énergie linéique. Que ce soit pour les résultats numériques ou expérimentaux nous obtenons que la largeur ou la pénétration croissent globalement avec l'énergie linéique. Ces graphiques montrent aussi clairement que la calibration a permis d'améliorer très nettement la corrélation expérience simulation.

Conclusions du chapitre 4

Le modèle développé pour le soudage à l'arc TIG est traité en régime stationnaire et les interactions entre l'arc et le bain ne sont pas directement considérés. Nous avons choisi de découplé l'arc et le bain en considérant un modèle pour le bain fondu (*3D*) et un modèle pour l'arc (*2D* axisymétrique). Pour fournir les données d'entrées nécessaires au calcul *3D* pour le bain fondu à savoir la pression d'arc, les forces de cisaillement aérodynamique et le flux de chaleur nous utilisons le modèle couplé cathode-plasma-anode en *2D* axisymétrique de M. Brochard [5]. Pour le modèle thermohydraulique d'écoulement à surface libre du bain fondu nous n'avons pas pris en compte les forces de Lorentz dans le cadre de cette thèse. Le modèle retenu comporte donc un certains nombres d'hypothèses et lacunes (cf. chapitre 2).

Nous avons cherché dans ce chapitre après avoir effectuer des vérifications dans le chapitre 3 à étudier sa validité sur un domaine opératoire de soudage. Nous avons construit un plan d'expériences pour étudier l'influence

4.4 Comparaison expériences simulations

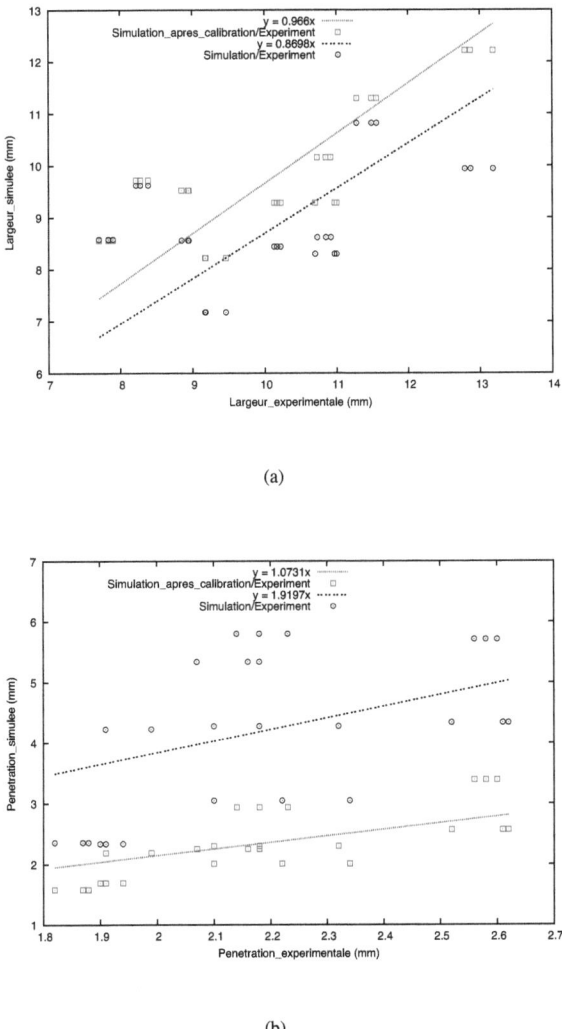

(a)

(b)

FIGURE 4.6 – Comparaisons entre les valeurs expérimentales et numériques des largeurs (a) et des pénétrations (b).

4.4 Comparaison expériences simulations

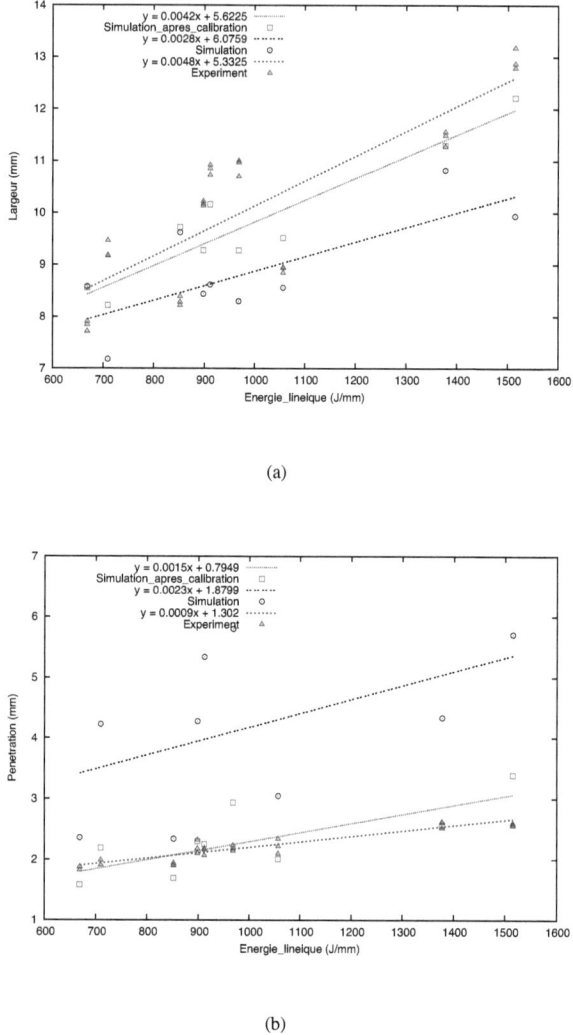

FIGURE 4.7 – Largeurs et pénétrations expérimentales et numériques (a) (b) en fonction de l'énergie linéique.

4.4 Comparaison expériences simulations

de trois facteurs : l'intensité du courant, la tension et la vitesse sur des grandeurs caractéristiques de la forme du bain de soudage comme le volume du bain, la température maximale et la vitesse maximale du fluide. Sur ce plan d'expériences des essais expérimentaux consistant en une ligne de fusion et leurs simulations ont été réalisés.

Les résultats des essais expérimentaux montrent que l'on peut décrire la largeur et la pénétration du bain comme une fonction croissante de l'énergie linéique. De plus nous avons trouvé que dans le domaine opératoire considéré la largeur du bain fondu est principalement liée à l'intensité du courant pour 70% et à la vitesse pour 30%, pour la pénétration c'est principalement la vitesse pour 70% et l'intensité du courant pour 15%, les interactions et la tension ont été ici sans influence.

Les résultats des simulations numériques montrent aussi que l'on peut décrire la largeur et la pénétration du bain comme une fonction croissante de l'énergie linéique. Dans le domaine opératoire considéré, nous avons trouvé que la largeur du bain fondu est principalement liée à la tension pour 50% et à la vitesse pour 30%, pour la pénétration c'est principalement l'intensité du courant qui domine pour 96%, les interactions ont été ici sans influence.

La comparaison de ces résultats tant sur les valeurs que sur les effets a montré que même si pour les largeurs les corrélations étaient acceptable en revanche des écarts importants subsistaient pour la pénétration entre mesures et simulations. Pour réduire ces écarts nous avons relancé une série de simulation numériques avec une pression diminuée de 50% — suspectant une sur-estimation de la pression par le modèle couplé cathode-plasma-anode en *2D* axisymétrique.

Cette calibration aboutit à une bien meilleure corrélation avec les expériences puisque nous obtenons des écarts inférieurs à 20% pour la pénétration où la largeur du bain fondu. Cependant cette amélioration ne permet pas de lever l'hypothèse d'une sur-estimation de la pression car nous n'avons pas codé les forces de Lorentz qui jouent un rôle important pour les fortes intensités de courant — ce qui était le cas de ce plan d'expériences. Il sera donc intéressant de conduire une nouvelle série d'expériences où les forces de Lorentz pourront être négligées, par exemple avec des intensités de courant plus faibles. Et puis bien sûr il faudra introduire ces forces dans le modèle si l'on veut être réellement prédictif dans le domaine des hautes intensités sans passer par « l'artifice » de la réduction de pression.

Conclusion générale

Dans ce travail de thèse nous avons apporté une contribution à la réalisation d'un modèle prédictif *3D* de la forme d'un bain de soudage à l'arc pour la simulation numérique du soudage. Nous nous sommes restreint à la modélisation des écoulements fluides dans le bain de soudage avec torche mobile et notre contribution a consisté à introduire la modélisation de la surface libre dans le modèle multiphysique disponible dans le logiciel WPROCESS [1] développé par le CEA et à s'inscrire dans une démarche continue de vérification et de validation des éléments des modèles développés. Ceci dans le but d'accroître le niveau de robustesse et de confiance dans le code développé qui est destiné *in fine* à un outil logiciel industriel tel que WPROCESS.

Nous avons commencé dans le chapitre 1 par apporter au lecteur des éléments de compréhension pour la suite du manuscrit et à expliciter quelques points nouveaux comme le traitement numérique de la surface libre déformable. Nous avons aussi défini les grands axe de notre modèle *3D*. Nous avons opté pour un problème découplé stationnaire entre l'arc et le bain, car nous pensons que ce couplage introduit en *3D* des temps de calculs trop long pour un intérêt non encore démontré — en tous cas l'intérêt de la méthode découplée n'a pas à ce jour été invalidé. Nous avons finalement choisi d'utiliser un modèle pour l'arc et un modèle pour les écoulements fluides dans le bain.

Dans le chapitre 2 nous avons présenté en détail les modèles numériques qui ont été utilisés dans le cadre de cette thèse. L'implémentation proprement dite de ces modèles a été réalisée dans le logiciel de calcul par éléments finis Cast3M [6]. Pour l'arc nous avons utilisé le modèle couplé cathode-plasma-anode en *2D* axisymétrique de M. Brochard [5] dont nous avons extrapolé les sorties en *3D* par symétrie de révolution autour de l'axe central de l'électrode de soudage, nous avons justifié cette extrapolation au paragraphe 4.1.2.2. Ce modèle d'arc fournit les données d'entrées néces-

4.4 Comparaison expériences simulations

saires au calcul *3D* pour le bain fondu à savoir la pression d'arc, les forces de cisaillement aérodynamique et le flux de chaleur. La densité de courant ne sera pas utilisée car le modèle fluide de bain fondu retenu ne prendra pas en compte les forces de Lorentz pour cette première approche.

Pour le bain nous sommes partis de modèles *3D* thermohydrodynamiques stationnaires de bain de soudage à surface fixe permettant de simuler un soudage rectiligne uniforme (ligne de fusion) sur des cas d'intérêt industriel comme un soudage en té [25] et des développements multiphysiques initiés dans Cast3M en vue de prendre en compte la surface libre, notamment le calcul des forces de tension de surface et une méthodologie robuste de bougé de maillage [24].

Après cette description des modèles nous avons dans le chapitre 3 apporté des éléments de vérification de notre modèle numérique. Ce travail a été réalisé en deux parties. La première concerne la vérification du modèle isotherme à surface libre déformable, que nous avons pu faire par rapport à des expériences de laboratoire qui consiste en l'étude de la déformation de la surface d'une couche d'eau, initialement statique, par un jet d'air. Ces expériences ont été conduites en similitude avec des conditions opératoires caractéristiques du soudage TIG, tout en permettant des possibilités d'observation accrues, telles que l'acquisition du profil longitudinal de la surface libre du liquide.

La deuxième partie a consisté à faire varier les principaux paramètres qui interviennent dans les procédés de soudage TIG (tension, intensité, pression d'arc, concentration en soufre) et nous avons vérifié que les effets induits simulés étaient bien consistants avec les résultats attendus. Le modéle numérique reproduit convenablement les tendances d'évolution et nous avons en outre montré la pertinence de modéliser la déformation de la surface libre dans les configurations de soudage sous fortes intensités, qui engendrent des pressions d'arc élevées. Dans ces configurations la déformation de la surface libre est déterminante dans la redistribution de l'écoulement et de l'énergie dans le bain fondu, et de la forme du bain qui en résulte.

Au chapitre 4 ces derniers aspects sont abordés de manière beaucoup plus quantitative et dans une optique de validation sur un domaine opératoire. Pour ce faire nous avons construit un plan d'expériences pour étudier l'influence de trois facteurs : l'intensité du courant, la tension et la vitesse sur des grandeurs caractéristiques de la forme du bain de soudage comme le

4.4 Comparaison expériences simulations

volume du bain, la température maximale et la vitesse maximale du fuide. Sur ce plan d'expériences des essais expérimentaux consistant en une ligne de fusion à plat en soudage à l'arc et leurs simulations ont été réalisés. Les résultats des essais expérimentaux montrent que l'on peut décrire la largeur et la pénétration du bain comme une fonction croissante de l'énergie linéique. De plus nous avons trouvé que dans le domaine opératoire considéré la largeur et la pénétration du bain fondu sont principalement liées à l'intensité du courant et à la vitesse de soudage : les interactions et la tension ont été ici sans influence !

Les résultats des simulations numériques montrent que l'on peut décrire la largeur et la pénétration du bain comme une fonction croissante de l'énergie linéique. Dans le domaine opératoire considéré, nous avons trouvé que la largeur du bain fondu est principalement liée à la tension et à la vitesse, pour la pénétration c'est uniquement l'intensité du courant qui domine, les interactions ont été ici sans influence.

La comparaison de ces résultats tant sur les valeurs que sur les effets a montré que même si pour les largeurs les corrélations étaient acceptable en revanche des écarts importants subsistent pour la pénétration entre mesures et simulations. Pour réduire ces écarts nous avons relancé une série de simulations numériques avec une pression diminuée de 50% —suspectant une sur-estimation de la pression par le modèle couplé cathode-plasma-anode en *2D* axisymétrique. Cette calibration aboutit à une bien meilleure corrélation avec les expériences puisque nous obtenons des écarts inférieurs à 20% pour la pénétration où la largeur du bain fondu. Cependant cette amélioration ne permet pas de lever l'hypothèse d'une sur-estimation de la pression car nous n'avons pas codé les forces de Lorentz qui jouent un rôle important pour les fortes intensités de courant — e qui était le cas de ce plan d'expériences.

Pour la suite de ce travail et notamment afin d'aboutir à un modèle d'écoulement *3D* du soudage à l'arc avec apport de matière, il nous semble important d'introduire les forces de Lorentz et d'explorer de nouveaux domaines opératoires au travers de nouvelles campagnes d'essais. Il sera important de se placer dans des conditions exacerbant ou atténuant tel ou tel phénomène, par exemple faire des essais avec deux matériaux de composition chimique différentes, avec un bas et haut soufre, pour confronter la modélisation des effets *Marangoni* ou bien réduire l'intensité pour limiter les forces de Lorentz, souder en verticale montante ou descendante ou en cor-

4.4 Comparaison expériences simulations

niche pour vérifier que les effets de la gravité sont bien codés, souder dans un chanfrein (test du modèle d'arc, robustesse du modèle de déformation de surface libre), on pourra aussi se placer en soudage débouchant et tester les grandes déformations de maillage en face envers. On pourra aussi s'attarder sur la modélisation des vapeurs métalliques qui ont une influence sur le rendement du procède mais aussi sur les écoulement dans le bain. Il nous parait néanmoins primordial de continuer dans ces travaux futurs à s'inscrire dans une démarche soutenue de vérification et de validation des modèles développés. Il faut donc travailler sur le code mais aussi sur les moyens d'observations expérimentaux qui sont aujourd'hui trop limités pour des applications soudage, afin de fournir des observables d'intérêts pour la validation : les seules valeurs de la pénétration et de la largeur sont intéressantes pour le soudeur mais insuffisantes pour le modélisateur qui veut s'assurer de la capacité prédictive de son code qui peut apporter bien plus d'informations que ces deux seules quantités...

Bibliographie

[1] O. Asserin. WPROCESS V2. Spécifications de l'interface et description d'une session utilisateur. Rapport DM2S/SEMT/LTA PT/09-008/A, CEA, 2009.

[2] J.M. Bergheau. Modélisation numérique des procédés de soudage. In *Techniques de l'Ingénieur*, number BM7758. 2004.

[3] Tormod Bjøntegaard and Einar M. Rønquist. Simulation of three-dimensional Bénard-Marangoni flows including deformed surfaces. *Commun. Comput. Phys.*, 5 :273–295, 2009.

[4] A.D. Brent, V.R. Voller, and K.J. Reid. Enthalpy-porosity technique for modeling convection-diffusion phase change : application to the melting of a pure metal. *Numerical Heat Transfer*, 13 :297–318, 1988.

[5] M. Brochard. *A unified model of gas tungsten arc welding including electrode, arc plasma and molten pool*. PhD thesis, Commissariat à l'Energie Atomique, France, 2008.

[6] Cast3M web site. http://www-cast3m.cea.fr/.

[7] J. Chapuis. *Une approche pour l'optimisation des opérations de soudage à l'arc*. PhD thesis, Université de Montpellier 2, 2011.

[8] J. Chen, C. Schwenk, C.S. Wu, and M. Rethmeier. Predicting the influence of groove angle on heat transfer and fluid flow for new gas metal arc welding processes. *International Journal of Heat and Mass Transfer*, 55, 2011.

[9] M.H. Cho, Y.C. Lim, and D.F. Farson. Simulation of weld pool dynamics in the stationary pulsed gas metal arc welding process and final weld shape. *Welding Journal*, December :271, 2006.

BIBLIOGRAPHIE

[10] C. Cuvelier and R.M.S.M. Schulkes. Some numerical methods for the computation of capillary free boundaries governed by the Navier-Stokes equations. *SIAM Review*, 32(3) :355–423, september 1990.

[11] M. Dal. *Modélisation magnéto-thermohydraulique d'une pièce soumise à un procédé de soudage TIG et estimation d'évolution d'un front de fusion*. PhD thesis, Université de Bretagne-Sud, 2011.

[12] T. Debroy. Physical processes in fusion welding. *Reviews of Modern Physics*, 1995.

[13] F. Dennery and R. Guenot. Contribution à l'etude des sources calorifiques dans les problèmes de conduction. *Publications Scientifiques et Techniques du Ministère de l'Air*, 1962.

[14] Gouri Dhatt and Gilbert Touzot. *Une présentation de la méthode des éléments finis*. Collection universitaire de Compiègne. MALOINE S.A., 27, rue de l'Ecole–de–Médecine, 75006 PARIS, 2 edition, 1984.

[15] M. Edstorp. *Weld Pool Simulations*. PhD thesis, Chalmers University of Technology and University of Gothenburg, 2008.

[16] Alexandre Ern and Jean-Luc Guermond. *Éléments finis : théorie, applications, mise en œuvre*. Springer, 2002.

[17] H. G. Fan and R. Kovacevic. Three-dimensional model for gas tungsten arc welding with filler metal. In *Proc. ImechE*, 2006.

[18] H.G. Fan and R. Kovacevic. A unified model of transport phenomena in gas metal arc welding including electrode, arc plasma and molten pool. *Journal of Physics D : Applied Physics*, 37 :2531–2544, 2004.

[19] H.G. Fan, H.L. Tsai, and S.J. Na. Heat transfer and fluid flow in a partially or fully penetrated weld pool in gas tungsten arc welding. *International Journal of Heat and Mass Transfer*, 44 :417, 2001.

[20] D.E. Fyfe, E.S. Oran, and M.J. Fritts. Surface tension and viscosity with lagrangian hydrodynamics on a trianglular mesh. *J. Comput. Phys.*, 76 :349, 1988.

BIBLIOGRAPHIE

[21] L. Gaston, A. Kamara, and M. Bellet. An arbitrary lagrangian-eulerian finite element approach to non-steady state turbulent fluid flow with application to mould filling in casting. *Int. J. Numer. Mesh. Fluids*, 34 :341–369, 2000.

[22] J. Goldak, A. Chakravarti, and M. Bibby. A new finite element model for welding heat sources. *Metallurgical Transactions*, 15B, 1984.

[23] M. Goodarzi, R. Choo, and J. Toguri. The effect of the cathode tip angle on the GTAW arc and weldpool : I. mathematical model of the arc. *Journal of physics D : Applied Physics*, 30 :2744–2756, 1997.

[24] S. Gounand. Développements multiphysiques dans Cast3m pour la Simulation Numérique du Soudage. Rapport DM2S/SFME/LTMF RT/09–018/A, CEA, 2009.

[25] S. Gounand. Procédures Cast3m multiphysiques pour l'outil WProcess version 2. Rapport DM2S/SFME/LTMF RT/09–020/A, CEA, 2009.

[26] S. Gounand. Introduction à la méthode des éléments finis en mécanique des fluides incompressibles. Publication DM2S, CEA, 2012. Cours ENSTA Paristech B2-1 (129 pages). Accessible depuis : http://www-cast3m.cea.fr/index.php?xml=supportcours.

[27] Øystein Grong. *Metallurgical Modelling of Welding*. Maney Publishing, second edition, 1997.

[28] J. Haidar. A theoretical model for gas metal arc welding and gas tungsten arc welding I. *Journal of Applied Physics*, 84(7) :3518–3529, 1998.

[29] J. Haidar. Non-equilibrium modelling of transferred arcs. *Journal of Physics D : Applied Physics*, 32(3) :263–272, 1999.

[30] M. Hamide. *Modélisation numérique du soudage à l'arc des aciers*. PhD thesis, Ecole Nationale Supérieure des Mines de Paris, 2008.

[31] F.H. Harlow and J.F. Welch. Numérical calculation of time-dependant viscous incompressible flow with free surface. *Phys. Fluids*, 8 :2182, 1965.

BIBLIOGRAPHIE

[32] F.H. Harlow and J.F. Welch. Volume of fluids (vof) method for the dynamic of free boundaries. *J. Comput. Phys.*, 39 :201–225, 1981.

[33] X. He, P.W. Fuerschbach, and T. Debroy. Heat transfer and fluid flow during laser spot welding of 304 stainles steel. *J. Phys. D : Appl.Phys.*, 36, 2003.

[34] C.W. Hirt, A.A. Amsden, and J.L. Cook. An arbritary lagrangian-eulerian computing method for all flow speeds. *J. Comput. Phys.*, 14 :227–253, 1974.

[35] J. Hu, H. Guo, and H.L. Tsai. Weld pool dynamics and the formation of ripples in 3D gas metal arc welding. *International Journal of Heat and Mass Transfer*, In Press - Corrected proof, 2007.

[36] J. Hu and H.L. Tsai. Heat and mass transfer in gas metal arc welding. part ii : The metal. *International Journal of Heat and Mass Transfer*, 50, 2007.

[37] Weizhang Huang. Mathematical Principles of Anisotropic Mesh Adaptation. *Communications in Computational Physics*, 1(2) :276–310, April 2006.

[38] T.J.R. Hughes, W.K. Liu, and T.K. Zimmermann. Lagrangian-eulerian finite element formulation for incompressible viscous flows. *Comput. Methods Appl. Mech. Eng.*, 29 :329–349, 1981.

[39] Michalov V. G. Karkhin V. A., Homich P. N. Models for volume heat sources and functional-analytical technique for calculating the temperature fields in butt welding. In *Mathematical Modelling of Weld Phenomena 8*, 2007.

[40] C.-H. Kim, W. Zhang, and T. Debroy. Modeling of temperature field and solidified surface profile during gas-metal arc fillet welding. *Journal of Applied Physics*, 94 :2667, 2003.

[41] C.-H. Kim, W. Zhang, and T. Debroy. Modeling of temperature field and solidified surface profile during gas-metal arc fillet welding. *J. Appl Phys.*, 94 :2667–2679, 2003.

[42] Choong S. Kim. Thermophysical properties of stainless steels. Technical Report ANL-75-55, Argonne National Laboratory, 9700 South Cass Avenue Argonne, Illinois 60439, September 1975.

BIBLIOGRAPHIE

[43] C.S. Kim. Thermophysical properties of stainless steels. Master's thesis, Argonne national laboratory, 1975.

[44] W.-H Kim, H.G. Fan, and S.-J. Na. Effect of various driving forces on heat and mass transfer in arc welding. *Numerical Heat Transfer, Part A : Applications*, 32 :633–652, 1997.

[45] W.-H. Kim and S.-J. Na. Heat and fluid flow in pulsed current gta weld pool. *International Journal of Heat and Mass Transfer*, 41 :3213–3227, 1998.

[46] D.A. Knoll, D.B. Kothe, and B. Lally. A new nonlinear solution method for phase-change problems. *Numerical Heat Transfer, Part B*, 35 :439–459, 1999.

[47] F. Lago. *Modélisation de l'interaction entre un arc électrique et une surface : application au foudroiement d'un aéronef*. PhD thesis, Université Paul Sabatier, Toulouse III, 2004.

[48] E. Leguen. *Etude du procédé de soudage hybride laser/MAG : Caractérisation de la géométrie et de l'hydrodynamique du bain de fusion et développement d'un modèle 3D thermique*. PhD thesis, Université de Bretagne-Sud, 2010.

[49] Y.P. Lei, Y.W. Shi, and H. Murakawa. Mathematical modeling of the interactions between coupled welding arc and pool for gas tungsten arc welding. In *IIW Doc. 212-1063-04*. Annual Assembly of the IIW, 2004.

[50] T.Q. Li, C.S. Wu, Y.H. Feng, and L.C. Zheng. Modeling of the thermal fluid flow and keyhole shape in stationary plasma arc welding. *International Journal of Heat and Mass Transfer*, 34, 2012.

[51] M.L. Lin and T.W. Eagar. Pressures produced by gas tungsten arcs. *Metallurgical Transactions B*, 17B, 1986.

[52] J.J. Lowke, M. Tanaka, and M. Ushio. Mechanisms giving increased weld depth due to a flux. *Journal of Physics D : Applied Physics*, 38 :3438–3445, 2005.

[53] F. Lu, S. Yao, S. Lou, and Y. Li. Modeling and finite element analysis on GTAW arc and weld pool. *Computational Materials Science*, 29 :371–378, 2004.

BIBLIOGRAPHIE

[54] Fenggui Lu, Xinhua Tang, Hailiang Yu, and Shun Yao. Numerical simulation on interaction between tig welding arc and weld pool. *Computational Materials Science*, 35(4) :458 – 465, 2006.

[55] F. Malha, M.C. Rowland, C.A. Shook, and G.E. Doan. Transient thermal phenomena and weld geometry in gtaw. *Welding Research Supplement, Welding Journal*, pages 388s–400s, 1974.

[56] M. Médale. *Modélisation numérique de l'étape de remplissage des moules de fonderie par la méthode des éléments finis*. PhD thesis, Université de Technologie de Compiègne, 1994.

[57] M. Médale and M. Jaeger. Numerical simulation of incompressible flows with moving interfaces. *Int. J. Numer. Meth. Fluids*, 24 :615–638, 1997.

[58] M. Médale and M. Jaeger. Modélisation par éléments finis d'écoulements à surface libre avec changement de phase solide-liquide. *Int. J. Therm. Sci.*, 38 :267–276, 1999.

[59] S. Mishra, T.J. Lienert, M.Q. Johnson, and T. DebRoy. An experimental and theoretical study of gas tungsten arc welding of stainless steel plates with different sulfur concentrations. *Acta Materialia*, In Press, Corrected Proof, 2008.

[60] K. Mundra and T. Debroy. Numerical prediction of fluid flow and heat transfer in welding with a moving heat source. *Numerical Heat Transfer, Part A*, 29 :115–129, 1996.

[61] Anthony B Murphy. The effects of metal vapour in arc welding. *Journal of Physics D :Applied Physics*, 43, 2010.

[62] F. Muttin, T. Coupez, M. Bellet, and J.L. Chenot. Lagrangian finite-element analysis of time-dependent viscous free-surface flow using an automatic remeshing technique : application to metal casting flow. *J. Num. Methods Eng.*, 36 :2001–2015, 1993.

[63] B. Nedjar. An enthalpy-based finite element method for nonlinear heat problems involving phase change. *Computers and Structures*, 80 :9–21, 2002.

[64] G.M. Oreper, T.W. Eagar, and J. Szekely. Convection in arc weld pools. *Welding Journal.*, 62(11) :307–312, 1983.

[65] S. Osher and J.A. Sethian. Volume of fluids (vof) method for the dynamic of free boundaries. *J. Comput. Phys.*, 79 :12–49, 1988.

[66] E. Pardo and D.C. Weckman. Prediction of weld pool and reinforcement dimensions of gma welds using a finte-element model. *Metallurgical Transactions B*, 20B, 1988.

[67] F. Pichot. *Développement d'une méthode numérique pour la prédiction des dimensions d'un cordon de soudure tig : application aux superalliages bases cobalt et nickel*. PhD thesis, Université de Bordeaux 1, 2012.

[68] J.P. Planckaert. *Modélisation du soudage MIG/MAG en mode short-arc*. PhD thesis, Université de Nancy 1, 2008.

[69] S. Rabier and M. Medale. Computation of free surface flows with a projection FEM in a moving mesh framework. *Computer methods in applied mechanics and engineering*, 192 :4703–4721, 2003.

[70] D. Radaj. *Heat effects of welding : temperature field, residual stress, distortion*. Springer, 1992.

[71] Z.H. Rao, J. Hu, S.M. Liao, and H.L. Tsai. Modeling of the transport phenomena in gmaw using argon-helium mixtures. part ii - the metal. *International Journal of Heat and Mass Transfer*, 53, 2010.

[72] N.N. Rykalin. Calculs des processus thermiques de soudage. In *Soudage et Techniques Connexes*, volume 15, 1961.

[73] P. Sahoo, T. Debroy, and M.J. Mcnallan. Surface tension of binary metal - surface active solute systems under conditions relevant to welding metallurgy. *Metallurgical Transctions B*, 19B :483, 1988.

[74] M. Schnick and al. Visualization and optimization of shielding gas flows in arc welding. *Welding in the world*, 56, 2012.

[75] W. Shyy, H.S. Udaykumar, M.M. Rao, and R.W. Smith. *Computational fluid dynamics with moving boundaries*. Hemisphere, 1996.

BIBLIOGRAPHIE

[76] J. E. Sprittles and Y. D. Shikhmurzaev. Finite element framework for describing dynamic wetting phenomena. *International Journal for Numerical Methods in Fluids*, 68(10) :1257–1298, 2012.

[77] M. Tanaka. An introduction to physical phenomena in arc welding processes. *Welding International*, 18 :11, 2004.

[78] M. Tanaka. Numerical study of gas tungsten arc plasma with anode melting. *Vacuum*, 73(3-4) :381–389, April 2004.

[79] M. Tanaka and J.J. Lowke. Predictions of weld pool profiles using plasma physics. *Journal of Physics D : Applied Physics*, 40(1) :R1–R23, 2007.

[80] M. Tanaka, H. Terasaki, M. Ushio, and J.J. Lowke. A unified numerical modeling of stationary tungsten-inert-gas welding process. *Metallurgical and Materials Transactions A*, 33(7) :2043–2052, 2002.

[81] M. Tanaka, H. Terasaki, M. Ushio, and J.J. Lowke. Numerical study of weld formations for stationary tig arc in different gaseous atmosphere. In *IIW Doc. 212-1040-03*. Annual Assembly of the IIW, 2003.

[82] Manabu Tanaka. Numerical Study of a Free-Burning Argon Arc with Anode Melting. *Plasma Chemistry and Plasma Processing*, 23(3) :585–606, September 2003.

[83] E. Thompson. Use of pseudo-concentration to follow creeping viscous flows during transient analysis. *Int. J. Numer. Meth. Fluids*, 6 :749–761, 1986.

[84] A. Traida. *Multiphysics modelling and numerical simulation of GTA weld pools*. PhD thesis, Ecole Polytechnique, 2011.

[85] M. Ushio and C.S. Wu. Mathematical modeling of three-dimensional heat and fluid flow in a moving gas metal arc weld pool. *Metallurgical and Materials Transactions B*, 28B, 1997.

[86] S. Vacquie. *L'arc électrique*. CNRS Editions, 2000.

[87] C. Viozat. *Calcul d'écoulements stationnaires et instationnaires é petit nombre de Mach, et en maillages étirés*. PhD thesis, Université de Nice-Sophia Antipolis, 1998.

[88] H.X. Wang, K. Cheng, X. Chen, and W. Pan. Three-dimensional modeling of heat transfer and fluid flow in laminar-plasmamaterial remelting processing. *International Journal of Heat and Mass Transfer*, 49 :2254–2264, 2006.

[89] C.S. Wu, J. Chen, and Y.M. Zhang. Numerical analysis of both front- and back-side deformation of fully-penetrated gtaw weld pool surfaces. *Computational Materials Science*, 39(3) :635 – 642, 2007.

[90] C.S. Wu and L. Dorn. Computer simulation of fluid dynamics and heat transfer in full-penetrated tig weld pools with surface depression. *Computational Materials Science*, 1994.

[91] C.S. Wu, H.L. Wang, and Y.M. Zhang. Numerical analysis of the temperature profils and weld dimension in high power direct-diode laser welding. *Computational Materials Science*, 46, 2009.

[92] G. Xu, J. Hu, and H.L. Tsai. Three-dimensional modeling of arc plasma and metal transfer in gas metal arc welding. *International Journal of Heat and Mass Transfer*, 52, 2009.

[93] T. Zacharia, S. David, and J. Vitek. Effect of evaporation and temperature-dependent material properties on weld pool development. *Metallurgical and Materials Transactions B*, 22 :233–241, 1991. 10.1007/BF02652488.

[94] T. Zacharia, S. David, J. Vitek, and H. Kraus. Computational modeling of stationary gastungsten-arc weld pools and comparison to stainless steel 304 experimental results. *Metallurgical and Materials Transactions B*, 22 :243–257, 1991. 10.1007/BF02652489.

[95] T. Zacharia, A. Eraslan, D. Aidun, and S. David. Three-dimensional transient model for arc welding process. *Metallurgical and Materials Transactions B*, 20 :645–659, 1989. 10.1007/BF02655921.

[96] W. Zhang, C.-H. Kim, and T. Debroy. Heat and fluid flow in complex joints during gas metal arc welding - part i. *J. Appl Phys.*, 95 :5210–5219, 2004.

[97] W. Zhang, C.L. Kim, and T. DebRoy. Heat and fluid flow in complex joints during gas-metal arc welding, part I. : numerical model of fillet welding. *Journal of Applied Physics*, 95 :5210–5219, 2004.

[98] W. Zhang, C.L. Kim, and T. DebRoy. Heat and fluid flow in complex joints during gas-metal arc welding, part II. : Application to fillet welding of mild steel. *Journal of Applied Physics*, 95 :5220–5229, 2004.

[99] W. Zhang, G.G. Roy, J.W. Elmer, and T. Debroy. Modeling of heat transfer and fluid flow during gas tungsten arc spot welding of low carbon steel. *Journal of Applied Physics*, 93, 2003.

[100] J. Zhou and H.L. Tsai. Modeling of transport phenomena in hybrid laser-mig keyhole welding. *International Journal of Heat and Mass Transfer*, 51 :4353–4366, 2008.

Annexe A

Données matériaux

A.1 Initialisation des données matériaux

Les données matériaux nécessaires pour le modèle multiphysique de la section 2.2 sont données dans le tableau A.1. Toutes ces données sont en unités du Système International. Elles sont supposées ne dépendre que de la température T, mise à part $\frac{\partial \gamma}{\partial T}$ qui dépend de la teneur en soufre du matériau (mais celle-ci est supposée constante).

À noter que certaines de ces quantités sont redondantes, en effet :

$$\begin{aligned} c_p(T) &= \frac{\partial h(T)}{\partial T} \\ \beta(T) &= -\frac{1}{\rho(T_{\text{ref}})}\frac{\partial \rho(T)}{\partial T} \\ T(h) &= h^{-1}(T) \\ L_{\text{fus}} &= \Delta h(T_{\text{chp}}) \text{ ou } h(T_{\text{sol}}) - h(T_{\text{liq}}) \end{aligned}$$

Capacité calorifique régularisée $\tilde{c}_p$ On définit également une capacité calorifique régularisée, notée $\tilde{c}_p$, qui sert dans l'algorithme de résolution de la thermique avec changement de phase (cf. [46]). L'algorithme est détaillé dans le rapport technique [25]. Ce $\tilde{c}_p$ n'est pas égal partout au "vrai" $c_p = \frac{\partial h(T)}{\partial T}$. En effet, si le changement de phase se produit à température constante T_{chp}, c_p est alors infini et si le changement de phase se produit sur la plage de température T_{sol}-T_{liq}, c_p présente en général des sauts à T_{sol} et T_{liq}. Pour des raisons numériques, on choisit $\tilde{c}_p = c_p$ si $T < T_{\text{sol}}$ ou $T > T_{\text{liq}}$ et $\tilde{c}_p$ linéaire et continu sur l'intervalle $[T_{\text{sol}}, T_{\text{liq}}]$.

Symbole	Signification	unité
T_{chp}	Température de changement de phase	K
	ou	
T_{liq}-T_{sol}	Température liquidus et solidus	K
ρ	Masse volumique	$kg.m^{-3}$
λ	Conductivité thermique	$W.m^{-1}.K^{-1}$
c_p	Chaleur spécifique à pression constante	$W.kg^{-1}.K^{-1}$
$\tilde{c}_p$	c_p régularisé	$W.kg^{-1}.K^{-1}$
μ	Viscosité dynamique	$kg.m^{-1}.s^{-1}$
$\frac{\partial \gamma}{\partial T}$	Dérivée du coefficient de tension de surface	$N.m^{-1}.K^{-1}$
β	Coefficient d'expansion volumique	K^{-1}
$h(T)$	Enthalpie massique	$J.kg^{-1}$
$T(h)$	Température, fonction de l'enthalpie	K
L_{fus}	Chaleur latente de fusion	$J.kg^{-1}$
F_s	Fraction solide	—

TABLE A.1 – Données matériaux nécessaires pour la partie multiphysique.

A.2 Matériau acier 304L

Dans cette thèse, nous avons utilisé les données matériau de l'acier 304L. Les données pour ce matériau sont issus de Kim [42]. Cette dernière référence fournit un ensemble de données tabulées (ou de lois, mais nous avons retenu les données tabulées) pour les propriétés physiques suivantes : $\tilde{c}_p$, h, ρ, λ, μ, β. Toutes les propriétés nécessaires au modèle multiphysique (cf. tableau A.1) sont présentes, mis à part $\frac{\partial \gamma}{\partial T}$. Pour calculer $\frac{\partial \gamma}{\partial T}$, nous avons retenu la loi de Sahoo [73] qui donne la tension superficielle γ en fonction de la température T pour le couple Fe–S (fer–soufre), reprise également dans la thèse de Brochard [5] :

$$\gamma(T, a_k) = \gamma_f - A_g(T - T_f) - RT\Gamma_s \ln\left[1 + k_1 a_k \exp\left(-\frac{\Delta H^0}{RT}\right)\right] \tag{A.1}$$

On trace les propriétés de l'acier 304L sur les figures A.1 à A.4. A noter que certaines propriétés ne sont utilisées que dans le domaine fluide : β, μ et $\frac{\partial \gamma}{\partial T}$. La tension superficielle, pour FeS alliages, est donnée dans l'équation A.1 par Sahoo et al. [73].

Sur la figure A.5, on trace la valeur de $\frac{\partial \gamma}{\partial T}$ pour quelques valeurs de la concentration en soufre, suivant la loi de Sahoo. Noter que $\frac{\partial \gamma}{\partial T}$ prend des valeurs à la fois négatives et positives.

A.2 Matériau acier 304L

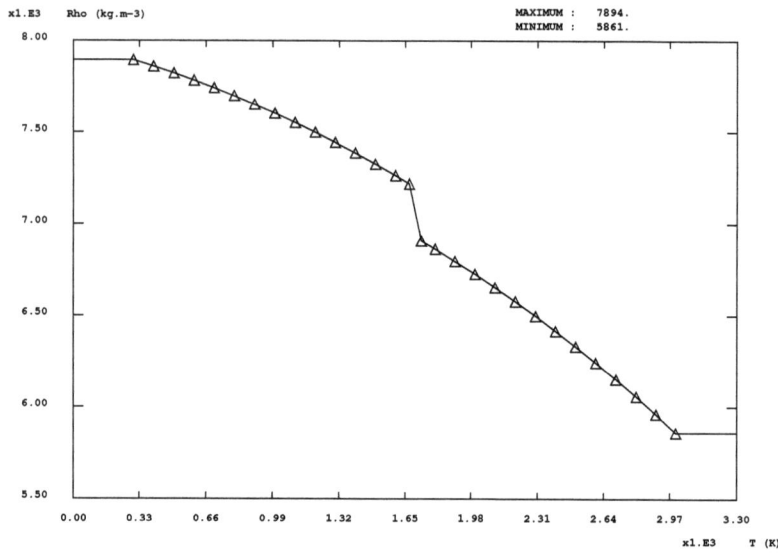

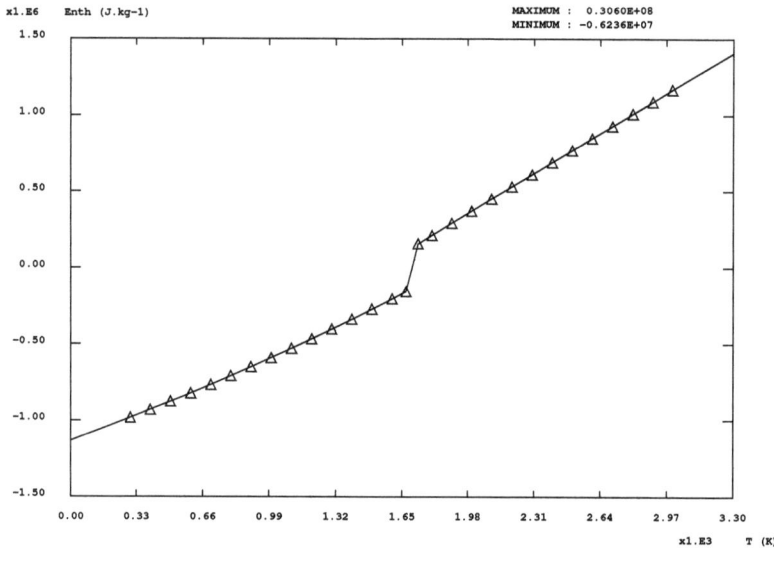

FIGURE A.1 – Propriétés de l'acier 304L en fonction de la température, issues de Kim [42] (I). Haut : masse volumique ρ (T). Bas : enthalpie massique h (T).

A.2 Matériau acier 304L

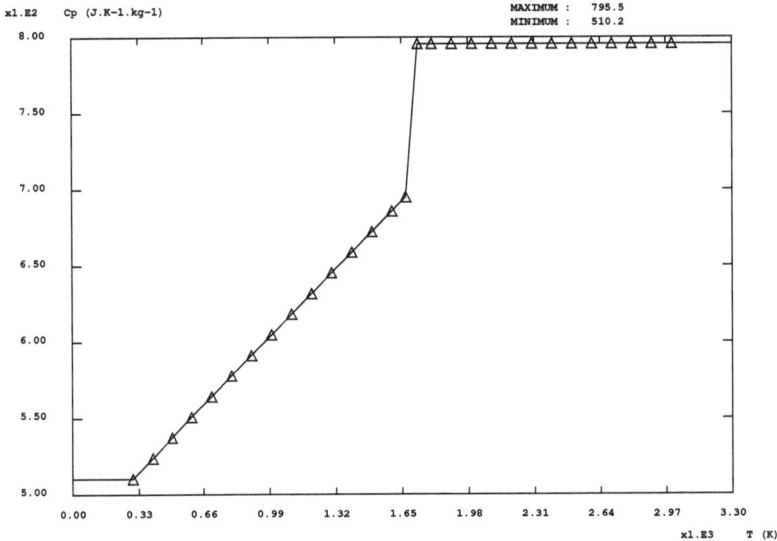

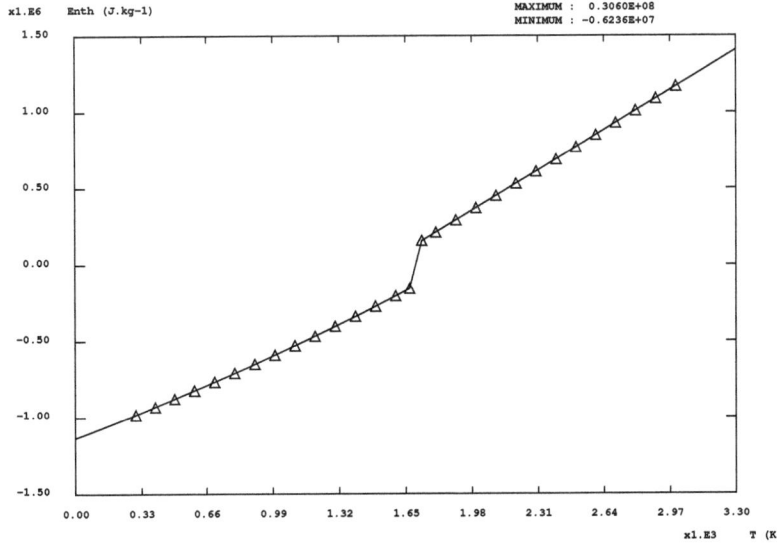

FIGURE A.2 – Propriétés de l'acier 304L en fonction de la température, issues de Kim [42] (II). Haut : capacité calorifique régularisée $\tilde{c}_p\,(T)$. Bas : conductivité thermique $\lambda\,(T)$.

A.2 Matériau acier 304L

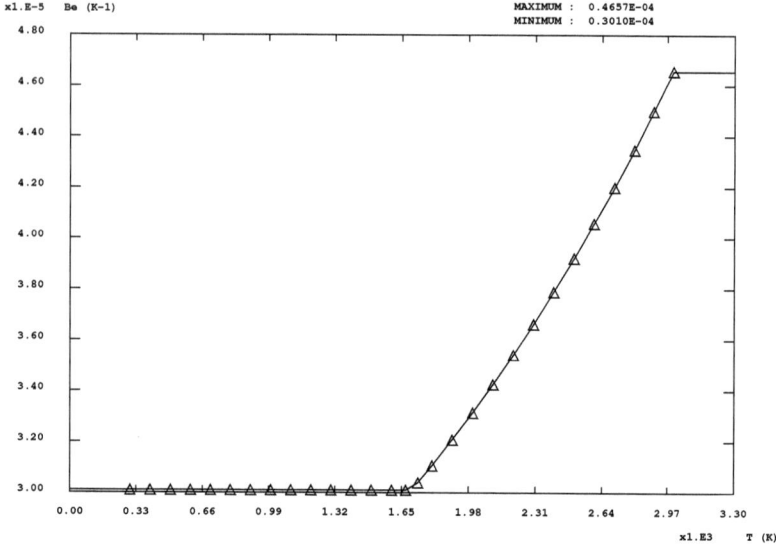

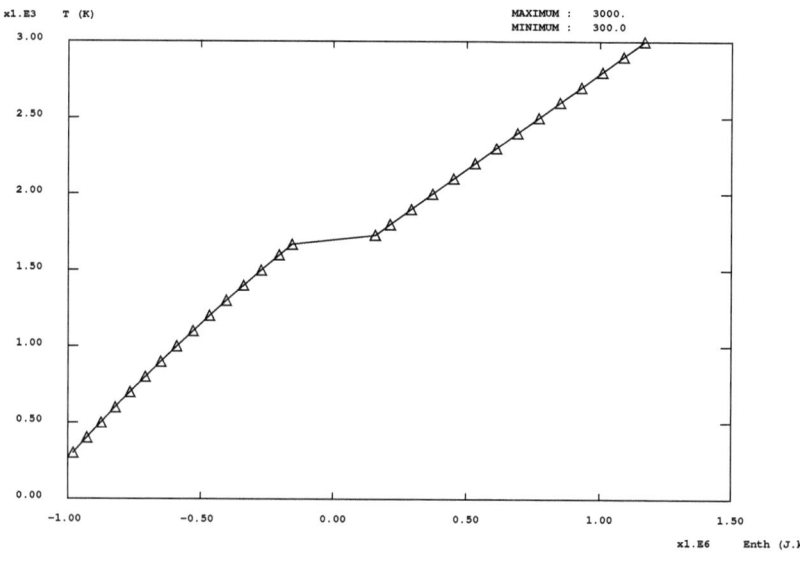

FIGURE A.3 – Propriétés de l'acier 304L issues de Kim [42] (III). Haut : dilatabilité thermique en fonction de la température $\beta\ (T)$. Bas : température en fonction de l'enthalpie massique $T\ (h)$.

A.2 Matériau acier 304L

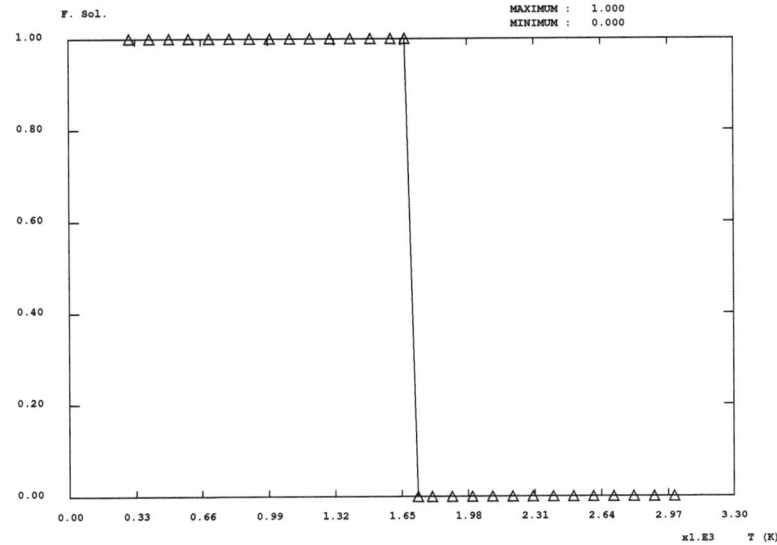

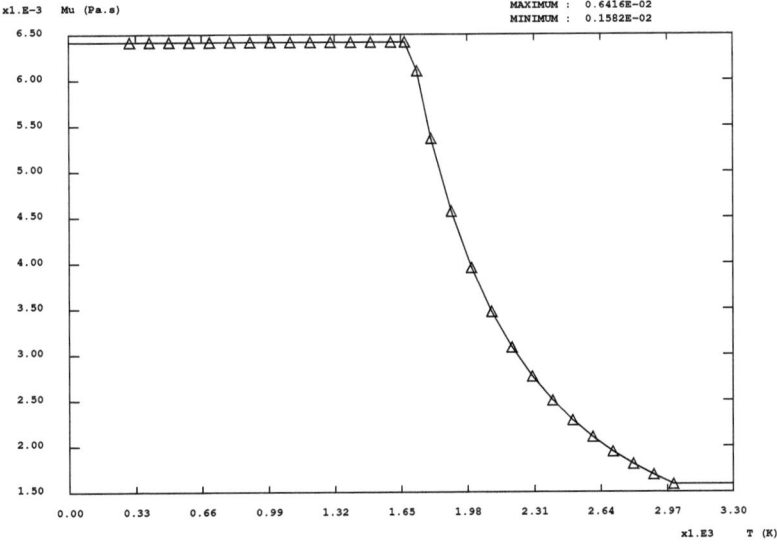

FIGURE A.4 – Propriétés de l'acier 304L en fonction de la température, issues de Kim [42] (IV). Haut : fraction solide F_s (T). Bas : viscosité dynamique μ (T).

A.2 Matériau acier 304L

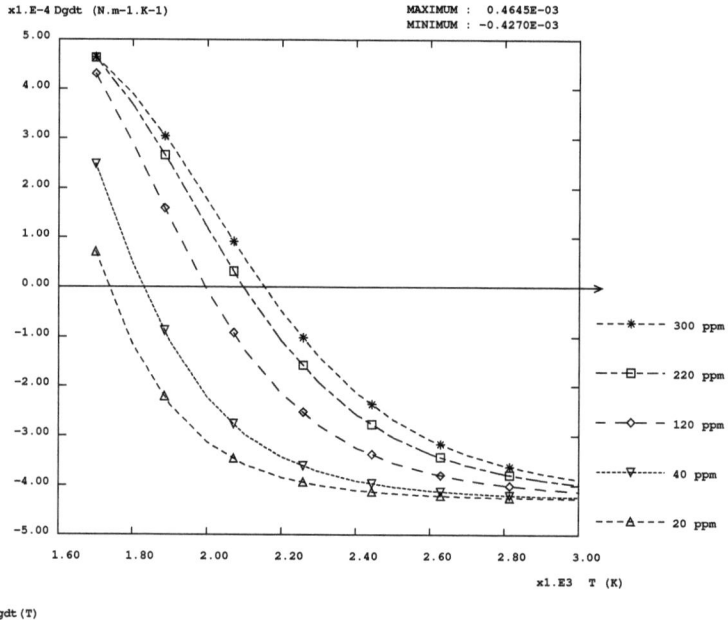

FIGURE A.5 – Valeurs de $\frac{\partial \gamma}{\partial T}$ en fonction de la température T pour quelques valeurs de concentration en soufre (données en ppm).

Annexe B

Résultats expérimentaux des essais 'Déformation de la surface libre d'une couche d'eau par un jet d'air'

B.1 Plan d'expériences

Essais	D (mm)	H(mm)	Q(l/min)	h_{exp}(mm)
1	0.5	6	0.120	0.163
2	0.5	6	0.130	0.243
3	0.5	9	0.150	0.264
4	0.5	8	0.150	0.322
5	0.5	7	0.150	0.325
6	0.2	6	0.040	0.137
7	0.5	6	0.150	0.343
8	0.5	5	0.150	0.347
9	0.5	4	0.150	0.350
10	0.5	6	0.170	0.437
11	0.2	4	0.040	0.169
12	0.5	6	0.185	0.536
13	0.5	6	0.200	0.659
14	0.2	4	0.050	0.288
15	0.2	7	0.060	0.380
16	0.2	6	0.060	0.405
17	0.2	5	0.060	0.425
18	0.2	4	0.060	0.450
19	0.2	3	0.060	0.501

TABLE B.1 – Le plan d'expérience 'Déformation de la surface libre d'une couche d'eau par un jet d'air'

B.2 Les surfaces déformées expérimentales

Les surfaces déformées expérimentales pour les essais 'Déformation de la surface libre d'une couche d'eau par un jet d'air' sont présentées sur la figure B.1 et B.2.

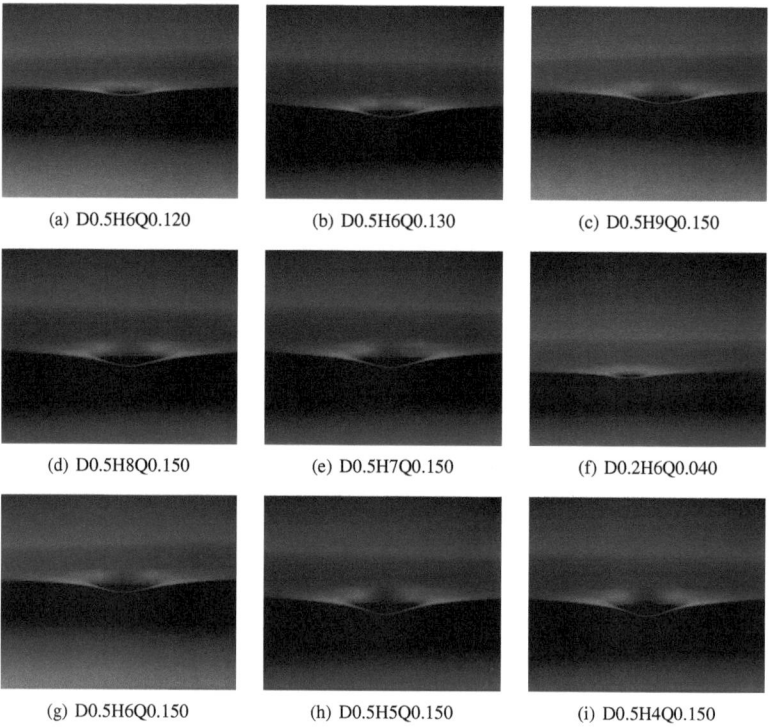

(a) D0.5H6Q0.120 (b) D0.5H6Q0.130 (c) D0.5H9Q0.150

(d) D0.5H8Q0.150 (e) D0.5H7Q0.150 (f) D0.2H6Q0.040

(g) D0.5H6Q0.150 (h) D0.5H5Q0.150 (i) D0.5H4Q0.150

FIGURE B.1 – Partie I : Les déformations expérimentales pour les différents essais.

B.2 Les surfaces déformées expérimentales

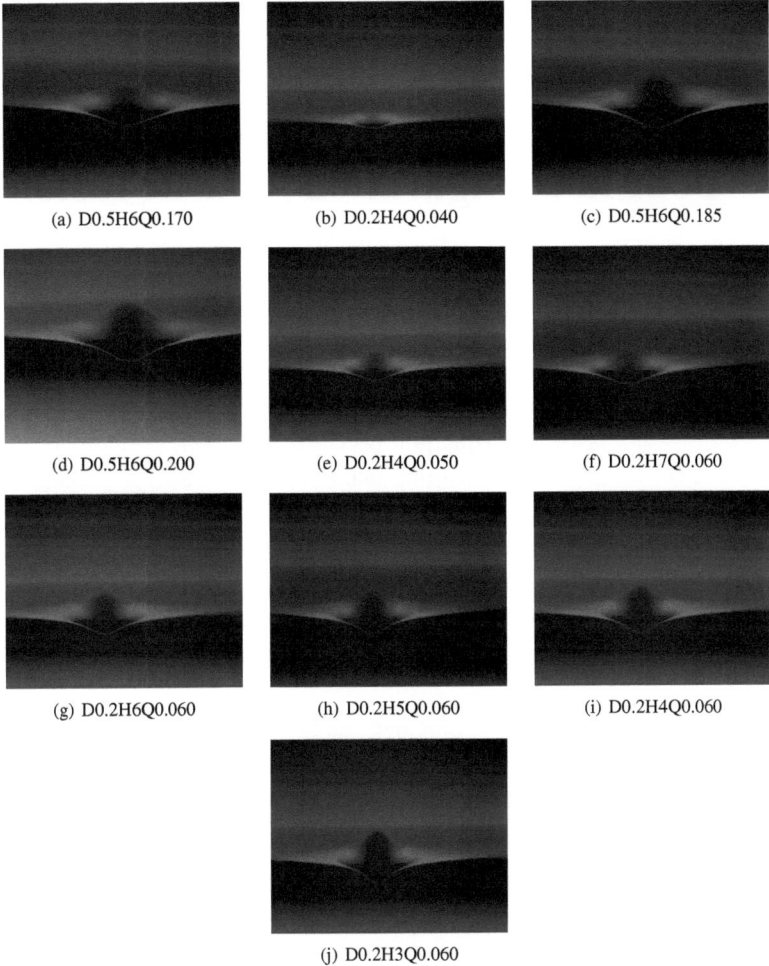

(a) D0.5H6Q0.170   (b) D0.2H4Q0.040   (c) D0.5H6Q0.185

(d) D0.5H6Q0.200   (e) D0.2H4Q0.050   (f) D0.2H7Q0.060

(g) D0.2H6Q0.060   (h) D0.2H5Q0.060   (i) D0.2H4Q0.060

(j) D0.2H3Q0.060

FIGURE B.2 – Partie II : Les déformations expérimentales pour les différents essais.

Annexe C

Résultats expérimentaux et numériques pour la configuration ligne de fusion

C.1 Plan d'expériences

Numéro	Essais	$I(A)$	$U(V)$	u_s (cm/min)	$h_{arc}(mm)$
1	I150U9v_s7	150	9	7	2.0
2	I150U10v_s12	150	10	12	3.3
3	I150U11v_s10	150	11	10	5.0
4	I175U9v_s12	175	9	12	1.4
5	I175U10v_s10	175	10	10	2.0
6	I175U11v_s7	175	11	7	3.2
7	I200U9v_s10	200	9	10	1.1
8	I200U10v_s7	200	10	7	2.0
9	I200U11v_s12	200	11	12	2.4

TABLE C.1 – Définition des différents essais à réaliser.

Tous les essais montrés dans le tableau C.1 sont réalisés en acier 304L avec une quantité de soufre bas 20 ppm.

C.2 Les coupes macrographiques

Les coupes macrographiques pour les essais Ligne de fusion du plan d'expériences sont présentées sur la figure C.1.

C.2 Les coupes macrographiques

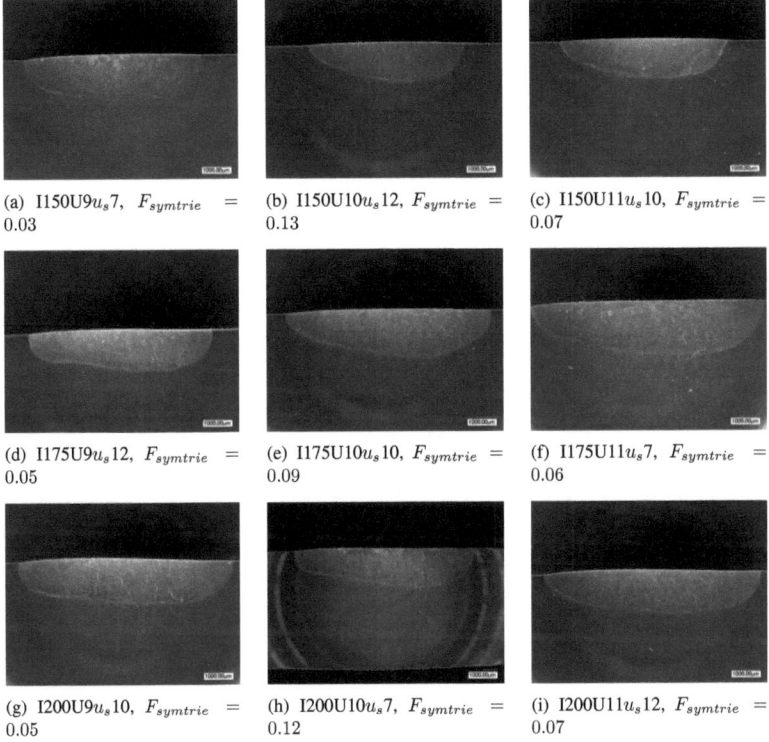

(a) I150U9u_s7, $F_{symtrie}$ = 0.03

(b) I150U10u_s12, $F_{symtrie}$ = 0.13

(c) I150U11u_s10, $F_{symtrie}$ = 0.07

(d) I175U9u_s12, $F_{symtrie}$ = 0.05

(e) I175U10u_s10, $F_{symtrie}$ = 0.09

(f) I175U11u_s7, $F_{symtrie}$ = 0.06

(g) I200U9u_s10, $F_{symtrie}$ = 0.05

(h) I200U10u_s7, $F_{symtrie}$ = 0.12

(i) I200U11u_s12, $F_{symtrie}$ = 0.07

FIGURE C.1 – Macrographies des essais Ligne de fusion. Les surfaces supérieures des bains fondus sont plus élevées que les parties solides à cause de l'accumulation d'apport de matière du centre de source à la partie derrière.

C.2 Les coupes macrographiques

i want morebooks!

Buy your books fast and straightforward online - at one of the world's fastest growing online book stores! Environmentally sound due to Print-on-Demand technologies.

Buy your books online at
www.get-morebooks.com

Achetez vos livres en ligne, vite et bien, sur l'une des librairies en ligne les plus performantes au monde!
En protégeant nos ressources et notre environnement grâce à l'impression à la demande.

La librairie en ligne pour acheter plus vite
www.morebooks.fr

OmniScriptum Marketing DEU GmbH
Heinrich-Böcking-Str. 6-8
D - 66121 Saarbrücken
Telefax: +49 681 93 81 567-9

info@omniscriptum.de
www.omniscriptum.de

Printed by Books on Demand GmbH, Norderstedt / Germany